这就是科学 ↘

韦亚一博士，国家特聘专家，中国科学院微电子研究所研究员，中国科学院大学微电子学院教授，博士生导师。1998 年毕业于德国 Stuttgart 大学 / 马普固体研究所，师从诺贝尔物理奖获得者 Klaus von Klitzing，获博士学位。

韦亚一博士长期从事半导体光刻设备、材料、软件和制程研发，取得了多项核心技术，发表了超过 90 篇的专业文献和 3 本专著。韦亚一研究员在中科院微电子所创立了计算光刻研发中心，从事 20nm 以下技术节点的计算光刻技术研究，其研究成果被广泛应用于国内 FinFET 和 3D NAND 的量产工艺中。

《这就是科学》：

科学的发展和知识的积累是现代社会进步的标志；严谨科学的思维也是衡量一个人成熟与否的重要指标。通过阅读本书中一个一个鲜活生动的故事，孩子们不仅可以学习到科学知识，而且可以培育科学的思维和逻辑推理。

韦亚一
2020.12.14

《这就是科学》：

科学的发展和知识的积累是现代社会进步的标志；严谨科学的思维也是衡量一个人成熟与否的重要指标。通过阅读本书中一个一个鲜活生动的故事，孩子们不仅可以学习到科学知识，而且可以培育科学的思维和逻辑推理。

韦亚一
2020.12.14

· 科学启蒙就这么简单 ·

在漫画中学习科学，在探索中发现新知

# 这就是科学

## 黑夜里的流星雨

高 美◎编著

吉林文史出版社
JILIN WENSHI CHUBANSHE

**图书在版编目（CIP）数据**

黑夜里的流星雨 / 张海君编著 . —— 长春 : 吉林文史出版社 , 2021.11

（这就是科学 / 刘光远主编）

ISBN 978-7-5472-8303-5

Ⅰ . ①黑… Ⅱ . ①张… Ⅲ . ①流星雨—儿童读物 Ⅳ . ① P185.82-49

中国版本图书馆 CIP 数据核字 (2021) 第 224943 号

黑夜里的流星雨

**HEIYE LI DE LIUXINGYU**

编　　著：张海君
责任编辑：吴　枫
封面设计：天下书装
出版发行：吉林文史出版社有限责任公司
电　　话：0431-81629369
地　　址：长春市福祉大路出版集团 A 座
邮　　编：130117
网　　址：www.jlws.com.cn
印　　刷：三河市祥达印刷包装有限公司
开　　本：165mm×230mm　1/16
印　　张：8
字　　数：80 千字
版　　次：2021 年 11 月第 1 版　2021 年 11 月第 1 次印刷
书　　号：ISBN 978-7-5472-8303-5
定　　价：29.80 元

# 前 言 💡Contents

　　"一闪一闪亮晶晶，满天都是小星星"，就像儿歌里唱的，每当夜幕降临，天空中总会挂满闪闪发亮的星星，它们就像是黑夜里的眼睛，一眨一眨地看着我们，装点着夜空的同时，又给无数的孩童编织了一个又一个美妙的梦想。

　　在众多闪烁的星星里，会出现一些不一样的星星——它们拖着长长的尾巴，如同闪闪发光的精灵一般，从黑色的夜空里一画而过，只留下一道明亮的光痕，显得那么与众不同。

　　其实，这些与众不同的星星，就是人们常说的流星雨，它是天文学中的一种独特现象，通常会在特定的时间段出现。据说，看到流星雨是一件非常幸运的事。

　　既然流星雨是如此神圣而又独特，那么，我们就很有必要去真正了解一下黑夜里的流星雨。

　　试想，广袤的宇宙，到底隐藏着多少不为人知的奥妙呢？它又是如何产生出美妙的流星雨的呢？流星雨和普通的星星究竟有哪些不同之处呢？它们之间又是否存在着一定的联系呢？

　　试想，流星雨的类型有哪些呢？那些会下"雨"的夜晚，有哪些奥妙存在呢？流星雨和太阳系、黑洞之间是否有着千丝万缕

的联系呢？流星雨落下后，又会对地球产生什么影响呢？所谓的陨石，真的就是流星雨落到地面的残留物吗？

试想，人类已知的流星雨有哪些呢？金牛座流星雨、狮子座流星雨、双子座流星雨、猎户座流星雨……这些以星座命名的流星雨，它们的出现有哪些规律可循呢？它们的特点又是什么呢？

试想……

流星雨是浪漫而美好的，它带给人类无穷的遐想，让我们编织起一个又一个美妙的梦境；流星雨又是奇特的，它是一种独特的天文现象，在带给人类美好现象的同时，又在某种程度上会给地球带来隐患。

正因如此，我们才更有必要去了解流星雨，用发现美好的眼睛去探究流星雨背后的宇宙奥秘，探索未知的同时还能收获新知，这正是学习的乐趣！

希望看完这本书的每一位读者，都能收获和流星雨有关的知识，也能在阅读中体会宇宙的无穷无尽，激发起更多的求知欲。

本书编委会

# 目 录  Contents

# 神秘的宇宙

宇宙泛指物质和时空。

宇宙是广袤空间和其中存在的各种天体以及弥漫物质的总称。

什么是宇宙？ >>>
宇宙的起源是什么？

　　暑假马上就要来了，为了让同学们利用假期养成善于观察的好习惯，班主任特意给同学们布置了一项特别的暑假作业——观察神秘的宇宙，并坚持每天写观察日记。

　　拿着班主任发下来的宇宙观察日记本，方块感到一头雾水，忍不住在心里想道："宇宙是什么呢？怎么观察宇宙呢？"

　　抱有相同疑问的，还有红桃，此时，他脸上的神情和方块如出一辙，两个人都陷入了无尽的思考中。

　　"嘿，你们俩发什么呆呀！"看到方块和红桃一言不发，梅花突然拍了一下他们的肩膀，"暑假还没开始呢，你们俩的心思就不在课堂上了呀？"

"才不是呢！"从沉思中惊醒的方块赶忙否认，"我是在想我连宇宙到底是什么都说不清楚，该怎么观察它呢？"

"这有什么难的……"梅花听后一脸不屑地说，"不懂的可以去问歪博士呀，歪博士那么聪明，没有他不知道的呢！"

三大宇宙速度是从研究两个质点在万有引力作用下的运动规律出发，人们通常把航天器达到环绕地球、脱离地球和飞出太阳系所需的最小发射速度，分别称为第一宇宙速度（环绕速度）、第二宇宙速度（脱离速度）和第三宇宙速度（太阳的逃逸速度）。

"哎呀，对呀！"红桃听后激动地拍手说道，"我怎么忘了歪博士呢。"

"那我们放学后就去智慧屋找歪博士吧。"方块同样激动地说。

就这样，放学铃声刚一响起，方块、红桃和梅花三个人就兴冲冲地朝歪博士的智慧屋跑去。

刚一到智慧屋门口，就看到歪博士和智慧 1 号站在门口，仿佛在等待他们到来似的。

"歪博士，干吗这么热情呀？"方块看到后故意坏笑道，"我们都是老朋友了，用不着这么欢迎我们啦！"

"哈哈，方块，这回你可真是想多了，我和智慧 1 号出来是为了寄快递的，没想到刚好碰到了你们……"歪博士笑道。

"这就尴尬了！"方块打趣道，"歪博士，为了弥补我受伤的心灵，你一定要帮帮我啊。"

一听到方块说要帮他，歪博士赶忙关切地问发生了什么事。于是，方块将班主任布置的暑假作业告诉了歪博士。听完方块的苦恼，歪博士忍不住笑了起来。

宇宙是冷还是热呢？

在距今130亿年以前，宇宙曾经是一个高温并且高密度的小世界。之后，这个小小的宇宙经过了上百亿年的膨胀，也就是天文学上常说的宇宙大爆炸后，它已经变得广阔和寒冷了。目前，宇宙的温度大约为零下270摄氏度，并且它的温度依然随着宇宙的膨胀而继续降低着。所以说，宇宙的温度是十分寒冷的。

"哈哈……这有什么可苦恼的……"歪博士摸了摸方块的脑袋说，"宇宙可是个浩瀚无垠的地方，再说得准确一点儿的话，它是广袤空间和其中存在的各种天体以及弥漫物质的总称，包含了无数神奇而有趣的天文现象……"

"比如呢?"红桃听后一脸好奇地问。

"比如黑夜里的流星雨、神秘的银河系和太阳系、黑洞、金星……"歪博士一脸自豪地说。

"我决定了!"听完歪博士的话,方块突然大声说道。

"决定什么?"大家全都好奇地问。

"我决定这个暑假就跟着歪博士度过,这样我的宇宙观察日记肯定能很快写完哦!"说完,方块高兴地手舞足蹈起来。

"我也要!我也要!"红桃听后,也跟着兴奋地嚷嚷起来。

看到孩子们表现得如此兴奋,歪博士也跟着高兴地说:"那当然没问题啦!歪博士最喜欢好学的孩子啦,只要你们有问题,我就能回答哦。"

听了歪博士的话,方块、红桃和梅花对即将到来的暑假生活,充满了期待和向往。

## 宇宙里不光只有银河系

在哥白尼的宇宙图像中,恒星只是位于最外层恒星天上的光点。1584 年,乔尔丹诺·布鲁诺大胆取消了这层恒星天,认为恒星都是遥远的太阳。

18 世纪上半叶,由于哈雷对恒星自行的发展和布拉得雷对恒星遥远距离的科学估计,布鲁诺的推测得到了越来越多人的赞同。18 世纪中叶,赖特、康德和朗伯推测说,布满全天的恒星和银河构成了一个巨大的天体系统。弗里德里希·威

廉·赫歇尔首创用取样统计的方法，用望远镜数出了天空中大量选定区域的星数以及亮星与暗星的比例，1785年首先获

得了一幅扁而平、轮廓参差、太阳居中的银河系结构图，从而奠定了银河系概念的基础。

在此后一个半世纪中，沙普利发现了太阳不在银河系中心、奥尔特发现了银河系的自转和旋臂，以及许多人对银河系直径、厚度的测定，科学的银河系概念才最终确立。

电视机在没有节目的时候，出现雪花点并伴有杂音，其中1%的情况是由宇宙大爆炸遗留辐射造成的，这种辐射也叫宇宙微波背景。

### 宇宙大爆炸

宇宙起源是一个极其复杂的问题。现代天文观测证明它处于不断地运动和发展中。千百年来，科学家们一直在探寻宇宙是什么时候、如何形成

的。许多科学家认为，宇宙是由大约 138 亿年前发生的一次大爆炸形成的。

"宇宙大爆炸"是现代宇宙学中最有影响的一种学说，主要观点是认为宇宙曾有一段从热到冷的演化史。在这个时期里，宇宙体系在不断地膨胀，使物质密度从密到疏地演化，如同一次规模巨大的爆炸。

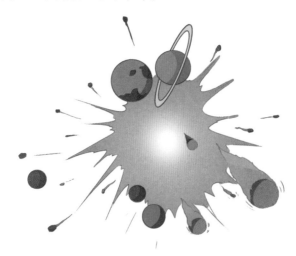

起初，因未知原因，宇宙空间开始暴涨式出现，振动使得物质诞生，这次大爆炸的反应原理被物理学家们称为"量子物理"。大爆炸使空间扩张，宇宙空间不断膨胀，温度也相应下降，后来相继出现宇宙中的所有星系、恒星、行星乃至生命。

1927 年，比利时天文学家和宇宙学家勒梅特首次提出了"宇宙大爆炸"假说。1929 年，美国天文学家哈勃根据假说提出"星系的红移量与星系间的距离成正比"的哈勃定律，并推导出星系都在互相远离的宇宙膨胀说。到了

1946 年，美国物理学家伽莫夫正式提出大爆炸理论，认为宇宙由大约 140 亿年前发生的一次大爆炸形成，由此成为该理论的创始人之一。

　　一般认为，宇宙产生于 140 亿年前一次大爆炸中。大爆炸后 30 亿年，最初的物质涟漪出现；大爆炸后 20 亿～ 30 亿年，类星体逐渐形成；大爆炸后 90 亿年，太阳诞生；38 亿年前地球上的生命开始逐渐演化。

　　1. 45 亿年前，地球曾经和火星大小的星球发生过撞击。

　　2. 构成我们身体的原子、骨头中的钙、血液中的铁都来自数十亿年前的一颗超新星。

　　3. 我们身体内的氢原子是来源于 137 亿年前宇宙爆炸，而在我们身体里几乎 99% 物质都是空的。

# 长尾巴的星星

外空间的尘埃颗粒闯入地球大气，与大气摩擦并产生大量的热，从而使尘埃颗粒气化。

一个微小的流星体足以产生在几百公里之外就能看见的亮光，原因是流星体的高速度。

这就是科学

歪博士
爱提问

什么是流星？　　　　　　>>>
流星真的有长尾巴吗？

　　美好的暑假终于来啦，方块和好朋友们又可以自由自在地在一起玩耍了。更值得高兴的是，由于大家的父母都还忙着工作，因此经过商议后，他们一致决定将方块、红桃和梅花三个孩子送到歪博士家，这简直顺了三个孩子的心愿。

　　知道这个消息后，方块、红桃和梅花三个小家伙别提有多高兴了。一直以来，他们就对歪博士的智慧屋充满了兴趣，平时只要一有时间，他们三个就会跑去智慧屋找歪博士玩，除了各种各样的好吃的，智慧屋里还有许多稀奇古怪的东西，全都是歪博士发明的。在方块、红桃和梅花三个人眼里，歪博士的智慧屋就像是哆啦A梦的肚子一样神奇。

　　"哈哈，终于能去歪博士的智慧屋里长住了！"方块一边拖着自己

的行李箱，一边笑嘻嘻地对身旁的红桃和梅花说，"要知道，每次去歪博士家玩儿，都会让我有一种不想走、想留下来的冲动，没想到，这个暑假，我终于如愿以偿了！而且，这样一来，我们就可以跟着歪博士学习天文知识，写宇宙观察日记啦。"

"是啊，我们再也不用为宇宙观察日记发愁啦！"红桃兴奋地说，"其实每次去找歪博士的时候，我也有和你一样的感觉，真希望自己可以住在那个神奇有趣的智慧屋里呢。"

看到方块和红桃两个人兴奋不已，梅花突然冷冷地对他们说了句："你们俩别光想着玩，即使有了歪博士的帮助，宇宙观察日记还是得自己写才行。"

听了梅花的话，方块和红桃的兴奋劲儿突然减少了一大半，两个人只好稳定心情，假装镇定地朝歪博士家走去。

不一会儿，方块、红桃和梅花三个人拖着各自的行李箱走进了歪博士的智慧屋，对于接下来的暑假生活，他们三个充满了期待。

这天晚上，歪博士带着三个孩子来到智慧屋的天台上，神秘兮兮地告诉他们："孩子们，从现在起，你们可要睁大眼睛仔细盯着夜空看咯！"

"歪博士，干吗搞得这么神秘兮兮的呀，有什么好玩的东西你就直接告诉我们吧！"方块既期待又有点儿不耐烦地说。

"方块，既然歪博士让我们仔细看，那我们就按博士说的做吧。"一旁的红桃耐心地说。

"那好吧！"方块有些无奈地说。

就在方块刚一抬起脑袋，准备盯着黑漆漆的夜空看时，眼前突然闪过一颗亮闪闪的星星，只见它身后还拖着一道亮光，看上去就像是它的长尾巴似的。

"快看！快看！"方块激动地大喊，"你们快看！那是什么啊？突然从夜空里一划而过……实在是太神奇了！"

知识拓展　　　有的流星体的质量很小，肉眼可见的流星体最小直径在 0.1cm-1cm 之间。

"哈哈哈，方块，这就是我想让你们看的东西！"看到方块一脸兴奋的样子，歪博士笑着说。

"歪博士，你快告诉我们，刚刚那是什么东西啊？"方块激动地拽着歪博士的袖子说。

"那是流星！"一直默默站在一旁的梅花突然冷冷地说了声。

"没错，就是流星！"歪博士肯定道，"所谓流星，指的就是运行在星际空间的流星体，比如宇宙尘粒和固体块等空间物质接近地球时，由于受到了地球引力的吸引作用，进入地球大气层，这时，它们便会和大气发生摩擦，然后燃烧并产生光迹。"

流星有声音吗？

流星通常不会发出可以听见的声音。如果你没有看到它的话，它就会悄无声息的一扫而过。对于非常亮的流星，曾经有人听到过声音。这些声响主要集中在低频波段。一个非常亮的流星，如火流星，可能会听到声音。

"原来是这样啊！"方块恍然大悟地说。

"刚刚我们看到的这个是单个流星，其实，流星还有火流星和流星雨等类型。"歪博士解释道，"要知道，流星在掉到地面之前，大部分都已烧成了灰烬，少部分会变成陨石掉到地面上，并且大部分可见的流星都和沙粒差不多，重量在1克以下"。

"什么？！"方块听后一脸惊讶地说，"原来流星是燃烧后的灰烬啊，我还以为它真的像星星一样呢。"

"哈哈哈……"听了方块的话，大家都忍不住笑了起来。

## 流星的初始速度

流星在大气中通过时，由于高速摩擦的影响，陨石的质量会被燃烧掉，同时减速。

在动能减少、速度降低之后，大多数即将掉至地面的陨石会有一段不发光的时期，称为无光飞行期，这段时间中，风力和陨石的形状是影响陨石轨道的重要因素。

那么，在什么情形下流星的初始速度会较低呢？

对北半球来说，是在春分前后，因为此时大部分陨石进入大气的速度和地球的运动速度相抵消，称作反向点。而北半球的秋分时，流星进入大气的速度要和地球的运动速度叠加，此时称为向点，此时的火流星大概只有反向点时的1/3。但对于南半球而言，他们的春天正值向点挂在天空，是火流星出现最频繁的时候。

事实上，流星的速度与流星体进入地球的方向有关，如果与地球迎面相遇，速度可超过每秒70公里；如果是流星体赶上地球或地球赶上流星体而进入大气，相对速度为每秒10余公里，但即使每秒10公里的速度，也已经高出了子弹射出枪膛速度的10倍，足以与大气分子、原子碰撞摩擦而燃烧发光。

方块爱生活

天空晴朗的夜晚，流星从空中划过，如果你看到了，就赶快许愿，听说对着流星许愿真的会梦想成真呢。

## 流星的尾巴

　　流星有时会在它通过的轨道上留下一条持久的余迹，这被人们称作是流星的尾巴。一个流星的颜色是流星体的化学成分及反应温度的体现：钠原子发出橘黄色的光，铁为黄色、镁是蓝绿色、钙为紫色、硅是红色。至于流星的持久余迹的颜色，其主体颜色多为绿色，由中性的氧原子组成，持续时间通常为1到10秒。也就是说，这条可见余迹的亮度会迅速下降，在极限星等为4到5等的情况下，一般可持续1到30分钟，这些亮光来自炽热空气和流星体中的金属原子。

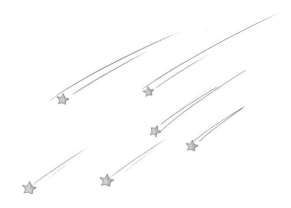

　　此外，根据科学家检测得出：流星的速度在11-72km/s，理论上的最小值是7.9km/s，当流星从远处接近地球，会因为地球的引力加速。流星一般是彗星抛洒的小颗粒，和地球的公转不一定有同向性，而且彗星的偏心率很大，在地球轨道附近运动速度会大大超过地球公转速度。

要知道，彗星在它运行的大部分时间内，是没有彗尾的，只有当它走到离太阳只剩下2个天文单位（约3亿千米）左右的距离时，在太阳风和来自太阳光的压力作用下，从彗头抛出的气体和微粒尘埃，往外延伸而形成彗尾，形如扫帚。

彗尾形状多种多样，可以归纳为三种类型，即Ⅰ型、Ⅱ型和Ⅲ型。Ⅰ型彗尾主要由一种带电粒子——离子组成的气体形成的，彗尾比较直而细，略带浅浅的蓝色。Ⅱ型和Ⅲ型彗尾都是由尘埃组成的，呈淡黄色，比Ⅰ型的更宽些，也更弯曲些，弯曲程度小些的称为Ⅱ型彗尾，弯曲程度比较大的就是Ⅲ型彗尾。

1. 流星包括单个流星（偶发流星）、火流星和流星雨三种。

2. 一般来说，由于光速比音速快上许多，所以我们会在流星消失后的三四分钟后才听到伴随着流星而来的声音。

3. 极少数情况下，声音会和流星同时到达。

# 银河系在哪里？

　　银河系是一个巨型棒旋星系，呈椭圆盘形，具有巨大的盘面结构。

　　银河系里约有 1500 亿颗恒星和大量星际物质，在银河系的中心，有着巨大的黑洞的存在。

什么是银河系？ >>>
银河系的特点是什么？

　　最近几天，方块对班主任布置的宇宙观察日记充满了兴趣，可以说是化被动为主动了，不仅会追着歪博士问好多和天文宇宙有关的问题，还会自己主动去网上和书本里查找一些资料，那样子看起来还真挺认真的呢。

　　这一天，方块闲来无事，便来到歪博士的实验室里转悠，他一边慢慢悠悠地走，一边四处打量着，想看看歪博士最近有没有发明什么新奇的玩意儿。

　　正当方块认真观察实验室里的摆设时，突然，电脑投影屏里的画面吸引了他，只见这幅画面的背景是漆黑无比的宇宙，在这背景之上，有

一条银白色的宛如巨龙一般的带子横穿而过，它看起来既充满美感，又包含神秘感，让人不由得多看几眼。

就在这时，实验室的门外传来了歪博士和红桃、梅花说话的声音，还没等他们走进来，方块便激动地指着电脑投影屏上的那幅画面，一脸好奇地问道："歪博士，这个屏幕上画的是什么呀？这也是宇宙中的天文现象吗？"

银河系的目视绝对星等为 − 20.5 等，银河系的总质量大约是我们太阳质量的 1.5 万亿倍。银河系在宇宙大爆炸之后不久就诞生了，银河系的年龄在 125 亿岁左右，上下误差各有 5 亿多年。

看到方块一副好奇不已的模样，歪博士赶忙走过来，在电脑上敲击了几个按钮，只见那幅原本静止不动的画面，突然变成动态的了。那条巨龙般的银白色带子突然开始轻微地动起来，乍一看，就像是一朵巨大无比的长条白云，在空中不时地变幻着造型。

看到这一幕，方块、红桃和梅花忍不住张大了嘴巴，三个人异口同声地感叹道："哇！好神奇啊！"

银河系由什么组成？

银河系自内向外分别由银心、银核、银盘、银晕和银冕组成。其中，银心是银河系的中心，直径约为两万光年，由高密度的恒星组成。银核是银盘中间隆起部分，直径约为 1 万光年，银心

是银核中心恒星更密集的区域。银盘是由恒星、尘埃和气体组成的扁平盘。银晕是银河弥散在银盘周围的一个球形区域内的晕轮，直径约10万光年。银冕是在银河系的银晕之外无恒星分布但存在一个大致呈球形的大射电辐射的区域。

"歪博士，这到底是什么呀？你快告诉我们吧！"方块赶忙跑到歪博士身边，撒娇地说。

"哈哈，这就是宇宙中的银河系呀！"歪博士笑着说，"你们看，银河系的外形是一个巨型棒旋星系，它一共有4条旋臂，我们看到的太阳就坐落在银河的其中一个支臂猎户臂上，它包含了1200亿颗恒星呢。"

听完歪博士的这番解释，方块、红桃和梅花对眼前的银河系更加崇拜和向往了。当天晚上，他们就在各自的宇宙观察日记上，写下了今天学到的银河系知识。

宇宙知多少

# 大麦哲伦星云

大麦哲伦星云，又称大麦哲伦星系，是以16世纪葡萄牙著名航海家麦哲伦的名字命名的。

1519年9月20日，在西班牙国王的支持下，麦哲伦开始了人类历史上第一次环绕地球的航行。1520年10月，麦哲伦带领船队沿巴西海岸南下时，每天晚上抬头就能看到天顶附近有两个视面积很大的、十分明亮的云雾状天体。麦哲伦注意到这两个非同一般的天体，并把它们详细地记录在自己的航海日记中。后来为了纪念麦哲伦的伟大功绩，人们用他的名字命名了南天这两个最醒目的云雾状天体，称之为大麦哲伦星云和小麦哲伦星云。

其中，大麦哲伦星云位于距离南天极约20°左右的地方，坐落在剑鱼座与山案座两个星座的交界处，跨越了两个星座，占据了 $11° \times 9°$ 的天区，相当于300多个满月的视面积。环绕着我们的星系－银河系运转，距离约为16.3万光年，直径大约是银河系的1/5，恒星数量约200亿颗。

大麦哲伦星云里存在丰富的气体和星际物质，并且正在经历着明显的恒星形成活动。这种大量恒星的形成现象可能是因为大麦哲伦星系受到了银河系潮汐力的影响，同时，银河系的潮汐力也从大麦哲伦星系中剥离了一些恒星和星际物质，形成了漫长的麦哲伦星流。

在绕着银河系公转的 11 个矮星系中，大麦哲伦星云也是其中之一，通常只有住在地球南半球的居民才看得到大麦哲伦星云。目前已在大麦哲伦星系内发现了 60 个球状星团，400 个行星状星云和 700 个疏散星团，以及数十万计的巨星和超巨星。

**方块爱生活**

夏天晚上，在晴朗的夜空里，能看见一条银白色的巨龙跨越了整个夜空，这便是银河。

**红桃讲故事**

## 牛郎织女鹊桥相会

相传很久以前，有一个名叫牛郎的人，一天晚上，牛郎看到一群仙女在玉池里面洗澡，临走时，一个仙女向他偷看了一眼，这个仙女就是天上的织女。不久后，牛郎和织女结为夫妻，织女为牛郎生了一儿一女，牛郎种田，织女织布，他们的小日子过得非常幸福甜美。

然而，幸福的时光是短暂的，这事很快便让天帝知道

了。有一天，王母娘娘亲自下凡来，强行把织女带回天上。此时牛郎正赶着老黄牛耕田，突然，他的两个孩子哭着从家里跑来了，他们抱住牛郎的腿说家里来了个老婆婆，什么话也没有说，就把妈妈从织布机旁拉走了。

牛郎知道肯定是王母娘娘来了，赶忙扔下锄头追。然而牛郎上天无路，只能看着织女被王母娘娘带走。后来，老黄牛告诉牛郎，等它死后，可以用它的皮做成鞋，穿着就可以上天。牛郎按照老牛的话做了，穿上牛皮做的鞋，拉着自己的儿女，一起腾云驾雾上天去追织女。眼见就要追到了，却不料王母娘娘拔下头上的金簪在脚下一划，一条滚滚滔滔的大河便出现了。大河阻止了牛郎前行的步伐，牛郎只能拉着孩子，站在河边放声大哭。

哭声惊动了玉帝，他看到一双孩子怪可怜的，便动了恻隐之心，允许他们一家四口，每年的七月初七相会一次。

于是，每年七月初七，天空中就会出现一条波涛滚滚的大河，织女站在河这边哭，牛郎拉着孩子站在河那边哭，一家人隔河相望。突然，满天的喜鹊向这条大河扑去，互相咬着尾巴，搭建起一座鹊桥。有了这座桥，牛郎领着一对儿女上了桥，织女也上了桥，一家人终于能在鹊桥上相会了。

1. 银河系整体作较差自转，太阳绕银心运转一周约2.5亿年。

2. 银河系中央区域多数为老年恒星，以白矮星为主，外围区域多数为新生和年轻的恒星。

3. 银河系周围几十万光年的区域分布着十几个卫星星系，银河系通过缓慢地吞噬周边的矮星系使自身不断壮大。

# 夜空中最亮的流星

火流星是一种偶发流星雨。

火流星的亮度很高。

自从上次成功看到流星后，方块在歪博士那里学到了不少和流星有关的知识，特别是当他知道流星的速度很快后，便将自己的相机带到天台上，准备在流星出现的时候拍照记录。

"哈哈，现在相机就在我手里，只要流星一出现，我就快速地按下快门，这样……"方块坐在天台的沙发上，一边摆弄着手里的相机，一边兴奋地说，"等我拍下流星，一定要让歪博士他们好好瞧瞧，看看是我的手速快还是流星快……哈哈哈……"

正当方块被自己的想象逗得哈哈大笑时，楼下突然传来红桃的声音："方块，歪博士的红烧肉做好了，你不下来吃吗？"

一听到红烧肉，方块的肚子突然传来一阵咕噜声，他摸摸有些瘪的

肚皮，自言自语道："要不我把相机调成录像模式，然后下去吃点儿肉，反正流星还没出现呢。"

说干就干，方块快速地将相机调成录像模式，对准夜空摆放好，然后就开心地下楼去吃红烧肉了。

美美地吃了一顿红烧肉后，方块大腹便便地来到天台，拿起相机翻看刚才吃饭时录下的影像。突然，方块在录好的视频里看到一幅令人惊讶的画面——黑漆漆的天空里突然划过一道极为明亮的流星，那亮度要比之前看到的流星亮好几倍，并且视频里还传出"沙沙"的声音。

看到这幅画面，方块赶忙拿着相机去找歪博士。

"歪博士，你快看看，看看我刚刚录到了什么！"方块高举着相机大喊道。

当歪博士接过相机仔细看了一遍视频后，突然大笑着对方块说："方块，你可真幸运！没想到这火流星竟然被你给拍下来了。"

"火流星？"听了歪博士的话，方块、红桃和梅花忍不住异口同声地问。

"火流星指的是流星中特别明亮的那种流星，这是一种偶发流星引，亮度非常高，看上去就像是一条闪闪发光的巨大火龙划过天际，有的火流星会发出'沙沙'的响声，就像方块相机里录到的这样，也有的火流星会有爆炸声，"歪博士解释道，"还有极少数的亮度非常高的火流星会在白天出现。"

听完歪博士的解释，方块赶忙追问："歪博士，为什么会出现火流星呢？"

"火流星之所以会出现，是因为它的流星体质量较大，当它进入地球大气后，因为来不及在高空燃尽，所以便继续闯入稠密的低层大气，

以极高的速度和地球大气剧烈摩擦，从而产生出耀眼的光亮。"歪博士解释道，"当火流星消失后，它所经过的地方都会留下云雾状的长带，也就是我们看到的那条长尾巴，被称作是流星余迹……有的余迹消失得很快，有的则能存在几秒钟、几分钟，甚至几十分钟。"

"原来如此！想不到火流星竟会是这么亮眼的流星！"方块点头说道。

"歪博士，既然流星的亮度各不相同，那么它们有没有什么分辨标准呢？"红桃若有所思地问。

星等是衡量天体光度的量。为了衡量星星的明暗程度，古希腊天文学家喜帕恰斯在公元前二世纪最先提出了星等这个概念。星等值越小，星星就越亮；星等的数值越大，它的光就越暗。在不明确说明的情况下，星等一般指目视星等。

"流星的亮度可以用星等来分辨，这就天文学上对星星明暗程度的一种表示方法，记为 m。"歪博士耐心地说，"按照天文学上的规定，星星的明暗一律用星等来表示，星等数越小，说明星越亮，星等数每相差 1 星等的亮度大约

相差 2.512 倍。1 星等的亮度恰好是 6 星等的 100 倍。每相差 0.1 星等的亮度大约相差 1.0965 倍。"

"那我们肉眼能看到的星星的亮度是多少呢？"梅花好奇地问。

"肉眼能够看到的最暗的星星是 6 等星，也就是 6m 星。"歪博士说，"目前，天空中亮度在 6 等以上，也就是肉眼可以看到的星星，大概有 6000 多颗。当然啦，同一时刻我们只能看到半个天球上的星星。"

"那火流星的亮度是多少呢？"方块赶忙追问道。

"火流星的亮度在 − 3 等以上。"歪博士笑道。

纬度对火流星的出现有没有影响？

纬度会对火流星的出现产生影响。如果我们在南极或北极看火流星，由于南极和北的极会分别出现永昼和永夜现象，向点 / 反向点会各出现在空中长达半年，对于以年为单位的火流星频率来讲，会有显著的影响。同时，因为造成流星的尘埃大致沿着地球公转轨道分布成盘面，所以，在黄道横于天顶的低纬度地区，年平均的火流星数目会比高纬度地区多。

"哇！那还真是很亮啊！"方块心满意足地说，"歪博士，火流星出现的频率高吗？明天晚上我还能看到它吗？"

"这个嘛……"歪博士有些迟疑地说，"火流星的出现频率是受多方面影响的。比如在一些主要流星雨发生期间，火流星的数目也相对增加。又比如火流星还会受到流星初始速度的影响，当流星穿过大气层时，速度越快的流星所发出的光芒是越强的。但是，如果初始速度太快

029

的流星，很容易在大气上层就全部烧光了，这样一来，我们在地面上就什么也看不到了。"

"所以进入大气的初始速度越低的流星，越容易被观测为火流星。"梅花补充道。

"没错！"歪博士笑着肯定道，"一天之中，晚上六点是火流星出现最多的时间，因此这个时候会有较多的流星被观测到。"

"原来如此！"方块点了点头说，"哈哈，总之这次我是真的拍到流星了，不行，我得赶快跟爸爸妈妈炫耀一下！"

说完，方块便又蹦又跳地去给爸爸妈妈打电话了。

## 流星有多亮?

流星的亮度一般以星等表示，星等数字越小，星星越亮。两个天体的亮度如果相差5等的话，亮度正好相差100倍，每等之间亮度差不多是25倍。最亮的天体显然不是1星等，最亮的都可以是负值，比如太阳是 −26.7 星等，满月是 −12.6 等星，金星是 −4.4 等星等。这三颗算是最亮的常见天体。

一般来说，流星要能达到2星等或者3星等亮度才可以被看到，而绝大多数的流星都是比6等暗的，所以如果你看到了大

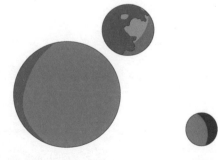

流星雨的话，那么整场流星雨的数量是难以估计的。

黑夜里的
流星雨

方块
爱生活

肉眼能看到的流星，其亮度必须要达到 2 星等或者 3 星等的亮度，否则就看不到了。

红桃
讲故事

## 近年观测到的火流星

2015 年 9 月 8 日，泰国曼谷北部天降不明火球并发生爆炸，引来坠机、气球着火等猜测。中国科学院紫金山天文台研究员王思潮在接受记者采访时认为，发生在泰国曼谷的这起天降神秘火球其实并非爆炸，而是不常见的火流星现象。

2015 年 11 月 6 日，一颗南金牛座火流星出现在珠三角一带，亮度达到 -8 等以上，多地市民都有观测到这现象，网上有动态检测图。

2016 年 8 月 12 日，美国亚利桑那州的日落火山口国家纪念碑上空闪过一颗明亮的英仙座火流星，这颗火流星以每秒钟 60 公里的高速进入大气层，在空中留下了持续发光的流星余迹。

1. 一般来说，对于亮度越亮的流星，在估计视星等时，所发生的误差会越大。

2. 为了避免这种情形，可以加入一些帮助比较的叙述，如"光度比满月还亮"等。

3. 火流星会在空中留下两种痕迹：残痕和烟痕。前者是因为高温而离子化的物质，以次稳态存在并发光，后者是空中残留下的一般不发光物质，可以因阳光照射而被人看见。

# 会下"雨"的夜晚

　　一年中的某些天，可以看到大量的流星从同一个天区划落下来，这就是流星雨。

　　流星雨是由于彗星的破碎而形成的。

这就是科学

歪博士爱提问

**什么是流星雨？** >>>
**流星和流星雨有什么关系呢？**

因为成功用相机拍到了火流星，方块对流星的热情变得更高涨了，几乎每天吃完晚饭，他都会跑到天台上等候流星的出现。

然而，一连十几天，天空中再也没出现过一颗流星，这让方块感到十分失落，原本高涨的热情也开始冷却了。

这天晚上，方块懒洋洋地躺在客厅的沙发上看电视，大家看到后都十分惊讶。

"方块，你怎么在这？"歪博士有些诧异地问，"今天晚上你不去等流星了吗？"

"是啊，方块，平常这时候，你早就去天台了……"红桃跟着追问。

"我不想上去了！"方块有些难过地说。

"为什么呢？"红桃追问。

"还能为什么，肯定是看不到流星伤心了呗！"梅花一针见血地说。

话音刚落，本来就很憋屈的方块突然忍不住，哇的一声放声大哭起来，"呜呜呜……我讨厌流星……我再也不等流星了……"

看到方块这幅模样，歪博士突然走到他身边，一脸笑意地说："方块，别这么早就泄气，相信我，今天晚上去天台，一定不会让你失望的！"

"真的吗？"方块泪眼模糊地问。

"当然啦，因为今天晚上的天空会'下雨'哦！"歪博士说。

"下雨有什么好看的，歪博士，你就别拿我寻开心了！"方块有些生气地说。

"我说的下雨可不是你平时看到的下雨哦。"歪博士卖关子地说，"总之，我们一起去天台吧！"

说完，歪博士就拉着大家去天台了。

大概等了十几分钟，就在方块快沉不住气的时候，黑暗的夜空里突然闪现一大片亮闪闪的流星，看上去就像是在下雨。

"哇！大家快看！"红桃惊呼道。

"这是什么啊？"方块也被这突如其来的场面惊到了，"歪博士，这是流星吗？怎么这么壮观啊？"

看到大家都被眼前的景象吸引了，歪博士笑着说："这就是流星的升级版本——流星雨呀。"

"流星雨？！"方块听后一脸惊喜地说，"是电视里说的那种可以许愿的流星雨吗？"

流星雨看起来像是流星从夜空中的一点迸发并坠落下来，这一点天区叫作流星雨的辐射点。

"对呀！"歪博士说，"流星雨是一种很难见到的天文现象，是无数流星从天空的一个所谓的辐射点的地方发射出来的现象，这些流星是宇宙中被称为流星体的碎片，在平行的轨道上运行时以极高速度投射进入地球大气层的流束。当然，大部分的流星体比沙砾都要小，因此几乎所有的流星体都会在大气层内被销毁，不会击中地球的表面。"

"哇！这实在是太壮观了！我们赶快许愿吧！"说完，方块便双手合十放在胸前，开始认真地许愿，红桃和梅花也跟着许起愿来。

许完愿后，方块扭头对歪博士说："歪博士，你怎么知道今天会有流星雨出现呢？"

歪博士听后，笑着说道："我可是最聪明的博士哦！哈哈，其实流星雨并不是只在某个时刻才能看到的，而往往是连续几天甚至一个月都

能观测。未来的一段时间，流星雨会经常出现哦！"

"真的吗？！"听了博士的话，方块开心地问道。

"真的！当然大多数时候，流星雨的流量都很小，只有在相对很小的时间段里才会有大量的流星雨出现，这在天文学上叫作流星雨的极大。"

"那为什么会出现流星雨呢？"红桃有些疑惑地问。

"流星雨出现的根本原因是彗星的破碎。"梅花扶了扶眼镜说。

流星雨会对人类造成威胁吗？

流星雨会对人类造成威胁。主要表现在：第一，可能对航天器造成威胁；第二，陨星可能击中人类或牲畜；第三，大批流星群闯入地球大气层造成的电离效应可能使远距离电讯发生异常。当然，流星雨也能产生积极作用，比如可以利用流星出现时形成的长条电离子柱对无线电讯号的反射作用，从而进行高频或甚高频通讯。

"梅花说得很对！"歪博士笑着补充道，"彗星主要由冰和尘埃组成，当彗星逐渐靠近太阳时会发生冰气化现象，并使得尘埃颗粒像喷泉一样被喷出，从而进入彗星轨道。只不过部分大颗粒依然会留在彗星周围并形成尘埃彗头，小颗粒则被太阳的辐射压力吹散，形成彗尾。当地球穿过尘埃尾轨道时，就会看到流星雨。"

"歪博士，你实在是太厉害了！居然知道这么多知识。"方块崇拜地说。

听了方块的赞美，歪博士的笑容变得更加灿烂了！

宇宙知多少

# 流星雨的季节分布

| 季节 | 月份 | 流星雨 |
| --- | --- | --- |
| 一季度 | 1月 | 象限仪座流星雨 |
| | 2月 | 半人马座流星雨、狮子座 γ 流星雨 |
| | 3月 | 矩尺座 γ 流星雨 |
| 二季度 | 4月 | 天琴座流星雨、船尾座 π 流星雨 |
| | 5月 | 宝瓶座 η 流星雨、天琴座 ε 流星雨 |
| | 6月 | 牧夫座流星雨 |
| 三季度 | 7月 | 南鱼座流星雨、宝瓶座 δ 南流星雨、摩羯座 α 流星雨 |
| | 8月 | 英仙座流星雨、天鹅座 κ 流星雨 |
| | 9月 | 英仙座流星雨、御夫座 δ 流星雨 |
| 四季度 | 10月 | 天龙座流星雨、双子座 ε 流星雨、猎户座流星雨、小狮座流星雨 |
| | 11月 | 金牛座南流星雨、金牛座北流星雨、狮子座流星雨、麒麟座 α 流星雨、凤凰座流星雨 |
| | 12月 | 船尾座流星雨、麒麟座流星雨、长蛇座 α 流星雨、双子座流星雨、后发座流星雨、小熊座流星雨 |

方块爱生活

　　见过天降大雨的白天，可你见过天降流星雨的夜晚吗？流星雨的到来，是一场精彩绝伦的群星飞舞。

红桃
讲故事

## 我国古代的流星雨记载

关于流星雨的发现，最早的记载出现在我国。在《竹书纪年》一书中就有"夏帝癸十五年，夜中星陨如雨"的记载。而关于流星雨的最详细记录则在《左传》中，"鲁庄公七年夏四月辛卯夜，恒星不见，夜中星陨如雨。"换言之，在鲁庄公七年，也就是公元前687年，我国就出现了关于天琴座流星雨的最早记录。

粗略计算，我国古代关于流星雨的记录大约有180次之多，其中，天琴座流星雨的记录有9次，英仙座流星雨的记录12次，狮子座流星雨的记录有7次。这些记录，对于世界天文机构研究流星及流星雨现象有着十分重要的作用。

流星雨的出现令人瞩目，我国古代对它的记载也十分精彩。比如《宋书·天文志》中就记载了公元461年南北朝

时期刘宋孝武帝时的一次天琴座流星雨："大明五年……三月，月掩轩辕。……有流星数千万，或长或短，或大或小，并西行，至晓而止。"当然，这里的所谓"数千万"并非确数，而是"为数极多"的泛称。

　　至于流星坠落到地面成为陨石这一事实，在《史记·天官书》中就有记载："星陨至地，则石也"。北宋科学家沈括发现陨石中有以铁为主要成分的，便在《梦溪笔谈》中进行了记录，此时是公元1064年，可见我国早已对流星雨这一天文现象有所关注和认识了。

　　1. 流星雨的质量都很小，在进入大气后大部分已燃烧掉，不会影响人们的日常生活。

　　2. 由于流星速度极高，流星暴雨会对太空中的航天飞行器的安全构成威胁，同时对地球大气高层的电离层和其他物理状态也会产生影响。

　　3. 大批流星体尘埃散入地球大气后，会提供额外的水汽凝结中心，使云层和雨量增大。

# 太阳系在哪里？

　　太阳系由太阳和环绕着太阳的其他天体（行星、卫星、小行星、流星和星际物质）组成，是孕育地球和人类生命的摇篮。

　　太阳系位于银河系的边缘地带，距离银河系的中心大约 2 万 8 千光年。

**歪博士爱提问**

**什么是太阳系？** >>>
**太阳系都由哪些行星组成？**

这几天，天气简直太热了，太阳就像是铆足了劲儿似的向地面发光发热，即使是在房间里吹着空调，也会感到燥热难耐。

"歪博士，为什么会这么热啊？"方块坐在空调下，一边扇着扇子，一边无奈地对歪博士说，"我感觉自己马上要融化了！"

"是啊，歪博士，我也好热啊！"红桃红着脸说。

"哎呀，那可怎么办呢？"歪博士起身看了看空调，耸了耸肩说，"空调的温度已经调到最低了……现在刚好是夏天最热的几天，要不我们转移下注意力，尽量不去想，就不会觉得那么热了。"

"怎么转移注意力啊？"方块有些烦躁地说，"我现在只有一个感觉，就是热热热！"

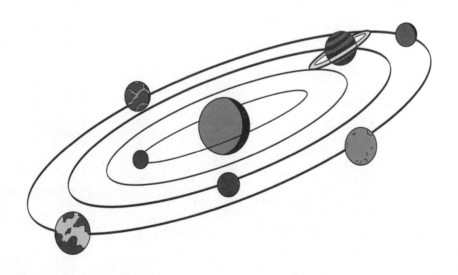

看到大家都被热坏了，梅花擦了擦额头上的汗水，然后对歪博士说："歪博士，要不你给我们讲讲和太阳有关的知识吧，正好我们还能学些天文知识……"

"这个主意不错！"红桃听后拍手称赞道。

"和太阳有关的……"歪博士一边思考一边重复着，突然，他兴奋地拍了下手，高兴地说，"我想到了，要不我给你们讲讲太阳系吧。"

"太阳系？"方块听后一脸疑惑地问，"太阳也是分系的吗？"

"对呀！"歪博士笑道，"所谓太阳系，指的是质量很大的太阳，以其巨大的引力维持着周边行星、卫星、小行星和彗星绕其运转的天体系统。"

黑子是太阳表面可以看到的最突出的现象，它是磁场聚集的地方，肉眼看是太阳的光球表面有时出现的一些暗区。一个中等大小的黑子大概和地球的大小差不多。

"哇！原来如此，我还以为太阳和地球一样，只不过是宇宙中的一颗普普通通的星球而已……"方块听后，一副恍然大悟的样子。

太阳系的直径是多少？

若以海王星作为太阳系边界，则太阳系直径为 60 个天文单位，即约 90 亿千米。若将彗星轨道计算在内，则太阳系的直径可达 6-8 万个天文单位，即 0.9-1.2 万亿千米。

"哈哈，方块，那你可就理解错啦！"歪博士笑着说，"太阳系包括太阳、8个行星、205个卫星和至少50万个小行星，还有矮行星和少量彗星，我们看到的太阳也只是其中之一哦，它可是一个庞大的天体系统。"

听完歪博士的解释，方块点了点头，赶忙拿出自己的宇宙观察本，开始在上面写写画画，生怕漏掉什么重要的内容。

## 星云假说

星云假说是关于太阳系形成的众多学说中的一种，由德国科学家康德于1755年提出。

作为一位自然科学家，康德抱有朴素的唯物论观点，即承认不依赖于人的意识而存在着的"自在之物"，承认物质发展的客观规律性。因此，他在31岁那年匿名发表的

《宇宙发展史概论》，大胆否定了宇宙起源的神创论，提出了宇宙起源的"星云假说"。第一次用科学观点回答了宇宙成因这一重大而又基本的科学问题，为近代科学技术的发展做出了巨大贡献。

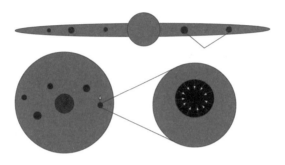

星云假说的主要观点是：认为太阳系是 46 亿年前，在一个巨大的分子云的塌缩中形成。这个星云原本有数光年的大小，并且同时诞生了数颗恒星。研究古老的陨石追溯到的元素显示，只有超新星爆炸后的心脏部分才能产生这些元素，所以，包含太阳的星团必然在超新星残骸的附近。可能是来自超新星爆炸的震波使邻近太阳附近的星云密度增高，使得重力得以克服内部气体的膨胀压力造成塌缩，因而触发了太阳的诞生。

根据天文学家的推测，太阳系会维持直到太阳离开主序。由于太阳是利用其内部的氢作为燃料，为了能够利用剩余的燃料，太阳会变得越来越热，于是燃烧的速度也越来越快。这就导致太阳不断变亮，变亮速度约为每 11 亿年增亮 10%。再过大约 16 亿年，太阳的内核将会热得足以使外层氢发生融合，这会导致太阳膨胀到半径的 260 倍，变为一个红巨星。此时，由于体积与表面积的扩大，太阳的总光度增加，但表面温度下

降，单位面积的光度变暗。随后，太阳的外层被逐渐抛离，最后裸露出核心成为一颗白矮星，一个极为致密的天体，只有地球的大小却有着原来太阳一半的质量。再过去约几十万亿年后，会有可能形成黑矮星。

作为太阳系的中心，太阳不仅给地球提供了光明，还给人类提供了热量。

## 夸父逐日

在我国古代，关于太阳的神话传说有很多，比如夸父逐日、后羿射日、日主传说、羲和传说、太阳星君等。其中，夸父逐日这一神话传说主要讲的是：

很久以前，在北方有一座很高很高的山，这座山叫作载天山。载天山上住着一个巨人族，族人的首领叫夸父。夸父长得很高大，一站起来，脑袋都碰着天上的云彩了。他的两条腿很长很长，一步就能跨过一条大河，跑起来，飞鸟都追不上他呢。

有一年闹旱灾，天不下雨，太阳把田里的庄稼都烧焦了，把河里的流水都晒干了。夸父看到这情景，就对族人说："这火辣辣的太阳真是太讨厌了，我要去把它抓住，让它听我们的话。"

族人听到夸父这么说，连忙劝他不要去。

有的人说："你千万别去呀，太阳离我们那么远，你会累死的。"

有的人说："太阳那么热，你会被烤死的。"

夸父心意已决，发誓要捉住太阳，让它听从人们的吩咐，为大家服务。他看着愁苦不堪的族人，说："为大家的幸福生活，我一定要去。"

太阳刚刚从海上升起，夸父告别族人，怀着雄心壮志，从东海边上向着太阳升起的方向，迈开大步追去，开始他逐日的征程。

太阳在空中飞快地移动，夸父在地上如疾风似的，拼命地追呀追。他翻过一座座大山，跨过一条条河流，大地被他的脚步震得"轰轰"作响，来回摇摆。他跑呀，跑呀，一眨眼就跑了一千多里路。可是太阳跑得比他更快呢，一下子就跑到天的另一边去了。

夸父不停地追呀追，饿了，就摘野果吃；渴了，就喝河

里的水。有时候追得太累了，他就坐在地上休息一会儿。夸父跑了九天九夜，终于来到太阳下山的地方，红彤彤的太阳就在眼前了，夸父真想一把抱住它。

可是太阳像个火球，呼呼地直喷火焰，把夸父烤得口渴极了，要是再不喝点儿水，他就要渴死了。他跑到黄河边，弯下身子，一口气把黄河的水全喝完了，可这还不够，他又走到渭河边，一口气又把渭河的水喝完了。

他喝了那么多水，还是很渴。最后，夸父在半路上就渴死了，他的身体变成了一座大山。后来，人们为了纪念他，就把这座山取名为"夸父山"。

1. 伽利略是第一位发现太阳系天体细节的天文学家。

2. 太阳系内所有的行星都已经被人类发射的太空船探访，并进行了不同程度的研究。

3. 太阳系8大行星按其物理性质可分为两组，一类为类地行星，比如水星、金星、地球和火星；另一类为类木行星，比如木星、土星、天王星和海王星。

# 和流星暴合影

成群的流星就形成了流星雨。
每秒钟达 20 颗以上的流星雨叫流星暴。

什么是流星暴？ >>>
流星雨和流星暴有什么关系？

最近几天，几乎每天晚上都会有流星雨出现，有时流星雨的规模很小，只有零星几颗流星出现。有时，流星雨的规模又会变大，看上去就像是夜空中绽放了无数璀璨的烟花似的。

这天晚上，早早地吃过晚饭后，方块、红桃、梅花三人便兴冲冲地来到天台，准备欣赏接下来就要出现的流星雨。

"红桃，你说今天晚上的流星雨是大是小呢？"方块盯着夜空问道。

"不知道。"红桃摇了摇脑袋，"可能是大的吧……也有可能是小的……"

"红桃，你这不是废话嘛！"方块一脸嫌弃地说。然后扭头问梅

花，"梅花，你来说说。"

"我可以拒绝回答这么无聊的问题吗？"梅花一脸高冷地说。

"当……当然可以！"方块有些尴尬地说。由于心里气不过，他嘟着嘴反驳道，"可我不觉得这个问题无聊呀！"

然而，梅花根本就没搭理他，而是仰头认真地看着夜空。方块看到后，忍不住翻了个白眼，然后也跟着仰头看向夜空。

几分钟后，流星雨如期而至。

只不过，今夜的流星雨似乎来势很猛，算得上是最近几天中，数量最多、规模最大的一场流星雨。

知识
拓展

由于行星的引力摄动作用，长周期彗星的流星体群可能与母彗星相差甚远。母彗星不在近日点时也有可能发生流星雨，这种流星雨就是远彗星型流星雨。

"哇！实在是太美了！今天晚上的流星雨简直就像是喷泉一样。"方块高兴地拍手称赞。

"是啊！"一旁的红桃也跟着兴奋地说。

这时，歪博士缓缓地走了过来，"孩子们，今天晚上的流星雨怎么样啊？"

"歪博士，你快看！"方块听到歪博士的声音后，赶忙转身拉着他，兴奋地说，"今天晚上的流星雨简直帅爆了！酷毙了！"

"歪博士，这么壮观的流星雨，是不是有特殊的名字呀？"梅花若有所思地问。

"梅花，你很聪明！"歪博士笑着说，"今晚的流星雨，在天文学

上被称作流星暴。"

"流星暴？"方块和红桃重复道。

"没错！流星雨有强有弱，弱的流星雨，一个小时只能观测到几颗流星。强的流星雨，有时在很短的时间里能从同一个辐射点中迸发出成千上万颗流星，当每小时出现的流星数超过 1000 颗时，就可以称作流星暴了。"

观测流星雨是否必须要借助于望远镜？

观测流星雨需要有宽敞的视野，如果使用了望远镜，视场会大大减小，观测到的流星数量会大大减少，而且看到的流星也只能看到镜头中一亮，什么都看不清，所以，要观测流星雨时最好不要使用望远镜，只须我们的双眼和晴朗黑暗的天空。

"流星暴这么厉害，是不是对科学研究很有价值呢？"方块听后忍不住问道。

"当然！"歪博士笑着说，"流星暴对近地空间环境监测、航天灾害性事件预防、电离层通信安全、深入了解太阳系天体相互关系和起源、演化，都具有巨大的实用价值和理论价值。"

说完，歪博士拿出摄像机开始记录夜空中的流星暴。方块见状，也赶忙拿起自己的相机拍照记录。

"歪博士，趁着流星暴还没结束，要不我们大家一起合个影吧。"方块突然灵机一动，晃了晃手里的相机说。

"好啊！"歪博士笑着说。

"红桃、梅花，你们俩快过来，我们一起来合影！"方块一边指挥，一边将相机放在桌子上，设定好倒计时，就匆匆跑去和大家一起摆造型。

伴随一声清脆的"咔嚓"声，大家和流星暴的第一张合影就这样诞生了！

宇宙知多少

## 流星规律

根据天文学家的长期观测，流星主要有以下规律：

第一，流星数与其大小有关，对于肉眼不能见的暗弱流星平均每降低一个星等星星就更亮。因为，

天文学上习惯把星等数增加称为降低，流星数平均增加2.5倍。即流星体质量越小，数目越多。

第二，在同一天中，流星出现的概率以黎明前为最大，傍晚时为最小，即下半夜的流星比上半夜多。

第三，在同一年中，下半年的流星数比上半年多，秋季的流星比春季多。尽管每天落向地球的流星数目因观测手段不同会有不同结果，但大体上能反映出的规律是相仿的。

方块爱生活

我们观测视野范围越大，就越可能看到更多的流星。因此，我们应尽量选择没有障碍的环境进行观测。

红桃讲故事

### 流星雨的观测

流星雨的观测方法有目视观测、照相观测、分光观测、光电观测、电视观测、雷达观测、空间观测等。日常生活中，人们最常使用的观测方法是目视观测和照相观测。

在观测流星雨前，需要进行一定的准备工作，一方面要熟悉星空，认识流星雨辐射点周围的星座及主要星名；另一方面还要准备好星图、记录表、笔、小手电筒及校对好的钟表等必备用品，以及座椅、衣服等防寒防露物件。

　　此外，在观测流星雨时还要对流星进行计数，也可以进行拍摄。在摄影时，需使用较为专业的摄像工具，将摄像工具固定在一个稳定的三脚架上，将镜头焦距设置为无穷远，光圈开到最大，然后对准选择好的天区，就可以开始曝光，每次曝光时间一般短于5分钟，这就是流星雨观测过程中的"守株待兔"式拍摄。

　　观测流星时，视野方向在一定的时间段内要固定，并记录下自己视野的中心位置，用赤经和赤纬表示。如果多人一起观测，可以各自负责一块天区。即便别人观看的天区出现了流星，也不要随意转过去，以免会错过自己天区中出现的流星。这对于观测者的确是一个考验。由于观测视野范围越大，就越可能看到更多的流星。因此，应尽量选择没有障碍的环境进行观测，视场中被遮挡的情况要记录下来，采用占总视场的百分比来表示。如果是建筑物或树木还好确定，因为它们是静止的，只需要在改变观测区域的时候记录一次即可，而如果是天空中的云，情况会复杂一些。当视场中被遮挡的范围超过

20%，就应该中断观测，也可以改变观测方向。当然在出现流星暴的时候可以例外。流星雨是很高级的天文观测，没有望远镜不能完成，这个观念是极端错误的。

事实上，观测流星雨并不是像想象的那样如同下雨一般，如果观测一些流量比较小的流星雨，或者是观测流星雨的条件不佳（天空不够黑暗），几小时才看到一颗流星也是很平常的事。

1. 观测一些流量比较小的流星雨，几小时才看到一颗流星是很平常的事。

2. 无论多大的流星雨，平均在 1 分钟内只能看见几颗，某些可能达到几十颗，而像下雨一样多的流星雨是极少见的。

3. 1833 年 11 月的狮子座流星雨，是历史上发生过的最为壮观的一次大流星雨，每小时下落的流星数达 35000 之多。

# 未知的黑洞

黑洞是现代广义相对论中，存在于宇宙空间中的一种天体。
黑洞是时空曲率大到光都无法从其视界逃脱的天体。

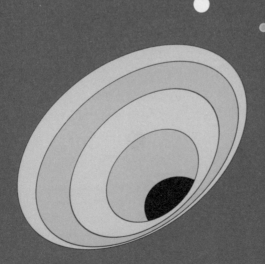

这就是科学

歪博士爱提问

什么是黑洞？　　　　　　　　>>>
黑洞的特点是什么？

　　跟着歪博士学习了这么多天文知识，方块、红桃和梅花早已成了天文迷，对浩瀚无垠的宇宙充满了好奇。每天他们三个都会抽出固定的时间来观看天文科普节目，当然，这些节目也是歪博士推荐给他们的。

　　这一天，天文科普节目正在播放以宇宙黑洞为主题的特别节目，方块、红桃和梅花完全被这期的内容给吸引了，三个人整整齐齐地坐在电视机前，眼睛都不眨一下地盯着屏幕。

知识拓展

　　霍金辐射是以量子效应理论推测出的一种由黑洞散发出来的热辐射，由物理学家史蒂芬·霍金于1974 年提出。有了霍金辐射的理论就能说明为何降低黑洞的质量而导致黑洞蒸散的现象。

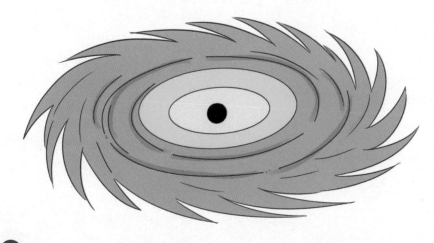

然而，正当他们看得兴致正浓时，电视却突然黑屏了。

"啊！"方块、红桃和梅花三个人齐刷刷地大叫一声。

歪博士听到后，赶忙从卧室冲了出来，"怎么了？发生什么事了？"

"歪博士，电视突然黑屏了！"方块急得指着电视说。

歪博士听了，赶忙看了看手表，然后一脸尴尬地笑道："哎呀，不好意思，今天要电路检修，所以会停电……我……我忘了告诉你们了……"

"怎么能这样呢？我们正看节目呢！"方块一屁股坐在地上大喊道。

"对呀！"红桃跟着补充道，"节目里正在讲黑洞呢……哎，可惜后边的都看不到了！"

"黑洞？"歪博士听后，赶忙笑着说，"虽然电视看不了了，但我可以给你们讲讲黑洞呀……难道你们忘了，我歪博士可是一个行走的百科全书哦。"

听了这话，方块和红桃的眼睛一下子亮了，梅花也赶忙拍手说："没错，咱们可以让歪博士来讲呀！"

于是，大家赶忙围坐在歪博士身边，开始听他讲黑洞的知识。

智慧问答

黑洞是怎样形成的呢？

其实，跟白矮星和中子星一样，黑洞很可能也是由恒星演化而来的。当一颗恒星衰老时，它的热核反应已经耗尽了中心的燃料（氢），由中心产生的能量已经不多了。这样，它再也

没有足够的力量来承担起外壳巨大的重量。所以在外壳的重压之下，核心开始坍缩，直到最后形成体积小、密度大的星体，重新有能力与压力平衡。质量小一些的恒星主要演化成白矮星，质量比较大的恒星则有可能形成中子星。而根据科学家的计算，中子星的总质量不能大于三倍太阳的质量。如果超过了这个值，那么将再没有什么力能与自身重力相抗衡了，就会引发另一次大坍缩，巨大的引力使光也无法向外射出，从而切断了恒星与外界的一切联系——"黑洞"诞生了。

"黑洞是存在于宇宙空间中的一种天体。"歪博士耐心地讲道，"黑洞的引力非常非常大，根据爱因斯坦的广义相对论，当一颗垂死恒

星崩溃时，它将向中心塌缩，这里将成为黑洞，吞噬邻近宇宙区域的所有光线和任何物质。"

"歪博士，你说的没错，刚刚电视里也是这么讲的呢！"方块听后开心地称赞道。

"那是当然啦！我知道的东西可比电视里多得多。"歪博士露出了一个得意的笑容，然后接着讲道，"虽然黑洞无法直接观测，但我们可以用间接方式得知其存在与质量，并且观测到它对其他事物的影响。"

说到这里，歪博士故意停顿了一下，然后一脸兴奋地说："但是呢……就在 2019 年 4 月 10 日 21 时，人类首张黑洞照片面世啦！这个黑洞位于室女座一个巨椭圆星系 M87 的中心，距离地球 5500 万光年，其质量约为太阳的 65 亿倍。它的核心区域存在一个阴影，周围环绕一个新月状光环……可以说，这一天文发现，证明了爱因斯坦广义相对论在极端条件下仍然成立。也让人类对黑洞有了更深入的认识！"

"歪博士，我想看看黑洞的照片。"听完歪博士的话，方块兴奋地大喊道。

"我也想！"红桃和梅花跟着喊道。

"没问题！"歪博士笑道，"等会儿电来了，我就展示给你们看哦。"

## 史瓦西黑洞

史瓦西黑洞，又称作"寻常黑洞"，是直接由较大的恒星演化而来的，1916 年由史瓦西提出来。史瓦西黑洞的设定是不带电

这就是科学

荷且不自旋转的黑洞，黑洞中心为奇点，黑洞的外圈为事件视界，又称史瓦西半径。恒星到晚期时核燃料消耗殆尽，辐射压（光

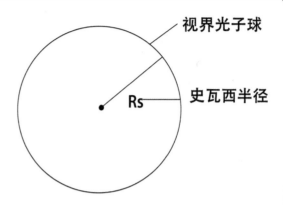

视界光子球

Rs

史瓦西半径

压）急剧减弱，星体在其自身引力的作用下坍缩。若质量（指原恒星的质量）大于3倍的太阳，其产物就是黑洞。在宇宙空间里，此类黑洞居多数，其最大质量一般不超过太阳的50.2倍。

从数学上来说，史瓦西黑洞就是其外部的引力场符合史瓦西解的黑洞。史瓦西研究的是在绝对真空中完全球对称的，在坍缩过程中没有丝毫物质异动，不带电荷，没有丝毫旋转的，标准理想化恒星的坍缩过程，以及它内外时空的场方程解。

对于一个静止不带电的史瓦西黑洞，它的周围时空可以利用史瓦西度规描述史瓦西黑洞的区间微分平方。

方块爱生活

宇宙中除了黑洞，还有白洞，它可以向外部区域提供物质和能量，但不能吸收外部区域的任何物质和辐射。

## 克尔黑洞

　　克尔黑洞是指不随时间变化的绕轴转动的轴对称黑洞，是爱因斯坦场方程预言下的一类带有角动量的黑洞，是两种旋转黑洞中的一种。

　　爱因斯坦方程有一个只依赖于这两个参量的精确解，这个解由新西兰物理学家罗伊·克尔于1962年得出的，描述的是转动黑洞的引力场。这个理论发现对天文学的研究有着重要意义，其价值不亚于一种新基本粒子的发现。相比于静态的史瓦西黑洞，克尔黑洞更接近于实际物理上的黑洞，因为大多数恒星都具有一定的自转角动量，当它们坍缩成黑洞时仍然会保留部分角动量。

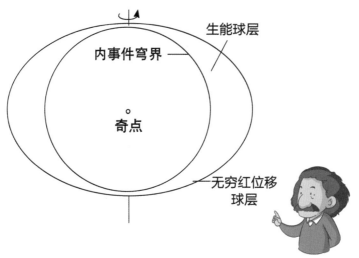

　　克尔黑洞以恒常速度旋转，根据爱因斯坦引力场方程，一颗坍缩成黑洞的转动恒星的引力场会最终达到一个平衡状态，这个状态只依赖于两个参量，即质量和角动量，后者代

表恒星的旋转速度，类似于基本粒子的自旋。

一直以来，这类带有角动量的黑洞，被称之为自然界最完美的物体之一。

这类黑洞的中心是一个奇环，有内、外两个视界。内视界为黑洞奇异性的界限，而外视界则为不可逃脱的界限。这就意味，一旦落入外视界，不会立即被黑洞的种种奇异性摧毁，但此时将会不可避免地落入内视界。除去两视界外，克尔黑洞的最外围还有一个界限称为静止界限或无限红移面。此外，克尔黑洞可能与白洞连接，因此，进入克尔黑洞的物体只要不撞在奇环上就有可能从白洞出来。

1. 宇宙中大部分星系，包括我们居住的银河系的中心都隐藏着一个超大质量黑洞。

2. 当黑洞的质量越来越小时，它的温度会越来越高。

3. 每个黑洞都有一定的温度，而且温度的高低与黑洞的质量成反比。

# 流星雨的命名

夜空中繁星点点，不同的星星拥有不同的名字。

难得一见的流星雨，也拥有各不相同的名字。

流星雨的名字是怎么来的？ >>>
流星雨的命名有什么依据吗？

因为目睹了流星暴，又知道了黑洞的存在，方块、红桃和梅花对和宇宙有关的天文知识更加感兴趣了。此刻，他们正和歪博士一起坐在客厅的沙发上，认真地盯着电视里播放的天文节目。

流星雨每小时的天顶流量（ZHR）是表征流星雨大小的一个量，指在理想观测条件下，流星雨的辐射点位于头顶正上方时，每小时能看到的流星数量。如果目视极限星等到不了 6.5 等，或者辐射点不在头顶，能看到的流量数量都会减少。

"歪博士，对从事天文研究的人来说，我们看到的那场流星暴是不是太值得研究了？"方块边看电视边问。

"对呀！对我这个科学家来说，都是非常好的研究对象呢。"歪博士笑着说。

"哈哈，没想到这个暑假竟会看到这么多流星雨，这实在是太棒了！"方块高兴地感叹道，"并且，幸运的是这个暑假我们三个是在智慧屋度过，这比在家自由多了……如果是在我自己家，那我肯定看不到这么壮观的流星雨，因为我家没有天台，而且妈妈肯定不会允许我熬夜看流星的……"

听了方块的话，一旁的红桃深有同感地说："我也和你一样，真的

是同一个世界，同一个妈妈呀。"

就在方块和红桃你一言我一语交流时，电视里突然传来女主持人的声音，一个从未听过的词汇传到了方块耳朵里。

"英仙座流星雨？"方块跟着重复了一边，然后扭头问歪博士，"歪博士，这是什么意思啊？"

"这就是昨天晚上那场流星暴的名字呀！"歪博士说。

"流星雨也有名字？！"方块听后一脸惊诧地说。

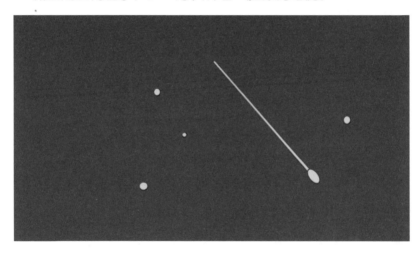

"当然啦！"梅花冷冷地说，"人都有名字，天空中那么多流星雨，怎么可能会没有名字呢！"

"歪博士，流星雨是怎么取名的呀？"红桃听完，赶忙好奇地问道。

"这个嘛……"歪博士意味深长地说，"流星雨的产生一般认为是由于流星体与地球大气层相摩擦的结果，流星群往往是由彗星分裂的碎片产生。因此，流星群的轨道常常与彗星的轨道相关。流星雨看起来像是流星从夜空中的一点进发并坠落下来，这一点在天文学上被称作流星雨的辐射点。"

流星雨辐射点的成因？

流星雨辐射点其实是因为透视造成的。流星雨时，所有流星体的运动方向都是平行的，就像我们站在铁路上往远方看两条铁轨交汇于一点一样，看起来这些流星体就好像从一个点发往四面八方。反过来，判断一颗流星是不是该流星群内的，只需看其反向延长线过不过那个辐射点。

"这和流星雨的取名有什么关系呢？"方块不解地问。

"方块，你别打岔，好好听歪博士解释。"梅花赶忙阻止道。

"为了区别来自不同方向的流星雨，天文学上通常会以流星辐射点所在天区的星座给流星雨命名。换言之，就是天文学家一般会用流星雨辐射点所在的天区或附近比较明亮的星座名来命名这个流星群。比如最近出现的这场流星雨的辐射点在英仙座，因此，就被取名为英仙座流星雨。"

"原来如此！"方块笑着说，"不过，这个名字还挺好听的。"

说完，方块重新安静下来，和大家一起坐在电视前，继续收看关于这场英仙座流星雨的新闻报道。

宇宙
知多少

## 主要的流星雨月份分布表

| 月份 | 流星雨名称 | 流星雨知识 |
|---|---|---|
| 1 | 象限仪座流星群 | 英文名：Quadrantids |
| | | 彗星母体：2003 EH1 |
| | | 辐射点：牧夫座 |
| | | 预计出现日期：3日－4日 |
| 4 | 天琴座流星群 | 英文名：Lyrids |
| | | 彗星母体：C/Thatcher |
| | | 辐射点：天琴座 |
| | | 预计出现日期：21日－22日 |
| 5 | 宝瓶座 Eta 流星群 | 英文名：Eta Aquarids |
| | | 彗星母体：1C/Halley |
| | | 辐射点：宝瓶座 Eta |
| | | 预计出现日期：5日－6日 |
| 6 | 天琴座 流星群 | 英文名：Lyrids |
| | | 彗星母体：C/Thatcher |
| | | 辐射点：天琴座 |
| | | 预计出现日期：14日－16日 |
| 7 | 宝瓶座 Delta 流星群 | 英文名：Delta Aquarids |
| | | 彗星母体：1C/Halley |
| | | 辐射点：宝瓶座 |
| | | 预计出现日期：28日－29日 |

| | 摩羯座流星群 | 英文名：Capricornids |
| --- | --- | --- |
| | | 慧星母体：尚未确定 |
| | | 辐射点：摩羯座 |
| | | 预计出现日期：29 日 - 30 日 |
| 8 | 英仙座流星群 | 英文名：Perseids |
| | | 慧星母体：109P/Swift-Tuttle |
| | | 辐射点：英仙座 |
| | | 预计出现日期：12 日 - 13 日 |
| 10 | 天龙座流星群 | 英文名：Draconids |
| | | 慧星母体：21P/Giacobini-Zinner |
| | | 辐射点：英仙座 |
| | | 预计出现日期：12 日 - 13 日 |
| | 猎户座流星群 | 英文名：Orionids |
| | | 慧星母体：1P/Halley |
| | | 辐射点：猎户座 |
| | | 预计出现日期：21 日 - 22 日 |
| 11 | 狮子座流星群 | 英文名：Leonids |
| | | 慧星母体：55P/Tempel-Tuttle |
| | | 辐射点：狮子座 |
| | | 预计出现日期：17 日 - 18 日 |
| 12 | 双子座流星群 | 英文名：Geminids |
| | | 母体：3200 Phaethon（行星） |
| | | 辐射点：双子座 |
| | | 预计出现日期：13 日 - 14 日 |

流星雨与偶发流星有着本质的不同，流星雨的重要特征之一是所有流星的反向延长线都相交于辐射点。

## 流星雨的命名原则

流星雨的命名，并不是随性而为的，相反，这是一套具有一定流程和原则的操作过程。比如，以南北位置命名的流星雨，应按星座名称后标示，以免与星座中文译名混淆。这一点与国际天文联会流星雨名称不同，因为流星雨除了星座名外，是以英文North、South区分辐射点位于星座范围以内的北边和南边位置。

国际天文联会第22委员会《流星雨的命名规则》中指出：南和北指的是黄道（精确地说是木星的轨道平面）南面和北面同一个流星雨的分支，它是由同一个原始流星体产生的。因为它们在太阳经度上具有几乎相同的近日点经度（南、北两个的升交点的经度相差180度）。所以，这两个分支在大约相同的时段内都是活跃的。

　　根据上述命名规则，以金牛座流星雨为例，由同一个原始母体的流星体产生的金牛座流星雨有南、北两个分支，应分别称为"金牛座南流星雨"和"金牛座北流星雨"。而不是"南金牛座"和"北金牛座"，因为它们各自有两个同源的流星雨分支，因此，不能称为"南金牛座流星雨"和"北金牛座流星雨"。

1. 流星雨的规模大不相同，有时在一小时中只出现几颗流星，有时在短时间内，在同一辐射点中能迸发出成千上万颗流星。

2. 流星雨具有时间上的周期性，因此被称作周期流星。

3. 所有流星的反向延长线都相交于辐射点，这是流星雨的重要特征。

## 地球的双胞胎姐妹

金星是太阳系中八大行星之一。

金星被称为地球的姊妹星球，跟着地球一起绕日公转，可以说是"地球的双胞胎"。

地球的双胞胎指的是哪个行星？ >>>
金星的星体结构是什么？

美好的早晨，歪博士给大家准备了美味的早餐——烤面包 + 煎鸡蛋。

然而，就在煎鸡蛋时，歪博士意外发现了一个双蛋黄的鸡蛋。当他将这个煎蛋摆上饭桌后，成功吸引了方块、红桃和梅花的视线。

"这不是双蛋黄嘛！"方块刚一看到，就忍不住激动地大喊一声。

"没想到鸡蛋也会有双胞胎呀！"红桃一边欣赏一边开心地说。

"那是当然啦！"梅花平静地说，"除了双蛋黄，鸡蛋里还会出现三个蛋黄呢。"

"那概率很小吧！"方块有些不相信地说。

看到三个小家伙因为一颗双蛋黄的鸡蛋而在热烈地讨论着，歪博士感到非常开心。看来这段时间的学习起作用了，让他们养成了求知好问

的好习惯。

就在这时，准备完全部早餐的歪博士，突然灵光一现，想到了一个好主意。于是，他对还在热烈讨论的方块、红桃和梅花说："孩子们，你们知道我们生活的这个美丽星球——地球，也有自己的双胞胎姐妹吗？"

"啊？"听了歪博士的话，方块、红桃和梅花不由得张大了嘴巴，"真的假的？"

"当然是真的啦！"歪博士笑道。

"那地球的双胞胎姐妹是谁呀？"说到这里，方块赶忙吐了吐舌头纠正道，"不不不……应该是哪个行星？"

"地球的双胞胎姐妹，其实就是金星。"歪博士解释道，"金星是地球的内行星，围绕太阳公转一圈需要 224.701 天，地球围绕太阳公转一圈需要 365.256 天。"

按照距离太阳由近及远的次序，金星是第二颗，距离太阳 0.725 天文单位，公转周期是 224.71 地球日。同时，金星是离地球最近的行星（有时火星会更近）。在清晨，它出现在东方天空，被人们称为"启明"；到了傍晚，它出现在天空西侧，被人类称为"长庚"。金星的亮度在日出稍前或日落稍后达到最大，其亮度在夜空中仅次于月球，排第二。

"这公转天数差这么多，怎么能是双胞胎呢？"红桃听后，忍不住质疑道。

"红桃，你别打断歪博士的话，我们听完再说。"梅花赶忙制止道。

"哦，好吧！"红桃小声说道。

金星的亮度是多少？

金星是全天中最亮的行星，亮度为 -3.3 至 -4.4 等，比著名的天狼星（除太阳外全天最亮的恒星）还要亮 14 倍，犹如一颗耀眼的钻石，正因如此，古希腊人才会将它视作爱与美的女神——阿佛洛狄忒，而罗马人则将它视作美神——维纳斯。

"哈哈，其实红桃有这样的怀疑是很正常的……因为，大多数人在没了解真实情况以前，都是这样觉得的。"歪博士耐心地解释道，"如果从结构上来看，金星和地球其实真的有不少相似之处——

比如，金星的半径约是 6073 公里，只比地球半径小 300 公里，体积是地球的 0.88 倍，质量为地球的 4/5，但平均密度略小于地球……"

"这么听来，金星还真像是地球的双胞胎姐妹呢。"方块忍不住插话道。

"确实，只不过……"歪博士停了停，然后接着说道，"只不过，金星和地球的内部环境却是截然不同的——金星的表面温度很高，不存在液态水，并且严重缺氧，有生命存在的可能性极小，这和地球比起来，就差别很大啦！"

"那就表明，金星和地球只是一对'貌合神离'的姐妹。"梅花一脸淡定地说。

"没错，梅花说得很对！"歪博士笑着赞许道。接着，他便指了指桌上的早餐说，"好啦，咱们先赶快吃早饭吧，不然，这热乎乎的面包和煎蛋就要变凉了。"

"那谁来吃这个双蛋黄煎蛋呢？"方块伸手指了指问道。

"当然是歪博士啦。"红桃一边说，一边用筷子将那个双蛋黄煎蛋夹到了歪博士的盘子里，然后说，"歪博士，谢谢你为我们准备的美味早餐！"

"谢谢你，歪博士！"方块和梅花也跟着感谢道。

"哈哈，不客气不客气！"歪博士眉开眼笑地说，"大家赶快吃吧。"

于是，在一片欢乐的氛围中，歪博士和三个孩子一起享用了美味早餐。

 宇宙知多少

# 金星凌日

金星凌日是指金星轨道在地球轨道内侧，当它运行到太阳和地球之间，三者恰好在一条直线上时，金星挡住部分日面而发生的天象。这时，从地球上可以看到金星就像一个小黑点一样，在太阳表面缓慢移动。

金星凌日可分为两种：一种是降交点的金星凌日，它发生在6月8日前后，金星由北往南经过日面；一种是升交点的金星凌日，它发生在12月10日前后，金星由南往北经过日面。每种类型每隔243年  出现一次，是因为地球上的243个恒星年（365.25636天）是88757.3天，金星上的395个恒星年（224.701天）是88756.9天。因此，经过这个时间段后，金星与地球差不多同时回到各自轨道上同一位置。由于金星和地球环绕太阳的运行轨道不在同一个平面上，因此，并不是每次金星下合日都会发生金星凌日现象。一般的，地球在每年12月10日前后经过金星轨道的升交点，在每年6月8日前后经过金星轨道的降交点。因此，金星凌日只能发生在这两个日期前后。

金星凌日以两次凌日为一组，有着8年、243年和251年的周期。

21世纪的首次金星凌日发生在2004年6月8日，另一

次发生在 2012 年的 6 月 6 日，值得一提的事，这次金星凌日
是直到 2117 年以前所能看到的最后一次，凌日时间长达 6 小
时，再下一组金星凌日是 2117 年和 2125 年。

方块
爱生活

当金星进出太阳表面期间，会发生一系列有趣
的光学现象，非常值得观测。

红桃
讲故事

## 金星的传说

在我国古代，金星被称为"太白"。早
上出现在东方时又叫启明、晓星、明星；傍
晚出现在西方时也叫长庚、黄昏星。由于它
非常明亮，最能引起富于想象力的中国古代人的幻想，因
此，我国有关它的传说也特别多。

在道教中，太白金星是天庭众仙中的核心成员之一，论
地位仅在三清（即玉清元始天尊、上清灵宝天尊、太清道德
天尊）之下。传说最初道教的太白金星神是位穿着黄色裙
子、戴着鸡冠，演奏琵琶的女神；明朝以后形象变化为一位
鹤发童颜的老神仙，经常奉玉皇大帝之命监察人间善恶，被
称为西方巡使。在我国古典小说中，比如《西游记》里，太
白金星就是个多次和孙悟空打交道的好老头。

此外，在与金星相关的众多传说中，最具有传奇色彩的

应该是关于唐代诗人李白的传说。据传，李白的出生不同寻常，他的母亲因为梦见太白金星落入怀中才怀上了他，于是，便给他取名李白，字太白。成年后的李白学道学剑、遍游天下，喝得了酒、写狂放诗，无人能及。李白在当时就享有"诗仙"的美名，后来便被人们尊为"诗中之仙"。

1. 金星是一颗类地行星，也是太阳系中唯——颗没有磁场的行星。

2. 在八大行星中，金星的轨道最接近圆形，偏心率最小，仅为 0.006811。

3. 金星自转方向跟天王星一样与其它行星相反，是自东向西。因此，在金星上看，太阳是西升东落。

# 陨石从何而来

　　陨石是宇宙流星脱离原有运行轨道，经过地球大气层未燃尽而散落到地球表面的太空物质。

　　大多数陨石来源于木星和火星之间的小行星带，有小部分来源于月球和火星。

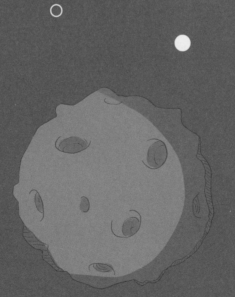

什么是陨石？

流星和陨石有什么关系？ >>>

"唧唧……唧唧……"

窗外传来一阵清脆的鸟鸣声，暖暖的阳光透过窗户照到床上，睡眼惺忪的方块揉了揉眼睛，然后懒洋洋地伸展了下身体。

"啊……昨天晚上因为流星暴的出现兴奋过头了，现在好困啊……"方块眯着眼自言自语道，"不行，我得再睡个回笼觉才行。"

说完，方块便转身找了个最舒服的姿势准备睡觉，就在这时，突然传来一阵敲门声——咚咚咚！

"谁呀？"方块有些不耐烦地说。

"方块，是我，你还没起床吗？"门外传来红桃的声音。

"我还想再睡一会儿呢，有什么事吗？"方块躺在床上懒洋洋地说。

"方块，你赶快起来吧！出大事了！"

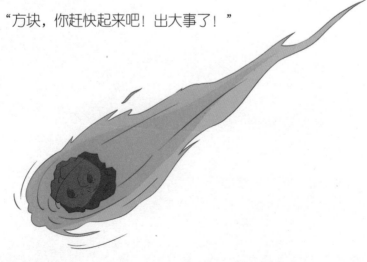

一听到出大事了，原本还有些迷糊的方块一下子清醒了。于是，他一个翻身从床上起来，快步走到门口，打开门问："出什么大事了？"

"你快来客厅，新闻里正在说呢！"说完，红桃就拉着方块的胳膊朝客厅走去。

来到客厅后，方块发现歪博士和梅花正坐在沙发上看电视，里边的女主持人正在播报新闻，大概意思是说最近地球上很多地方都出现了流星暴，并且，在某地出现了一颗巨大的陨石。

"陨石？"方块跟着主持人的话重复道，"什么是陨石啊？那是什么东西啊？"

"按照天文百科的说法，陨石是地球以外脱离原有运行轨道的宇宙流星或尘碎块飞快散落到地球或其它行星表面的未燃尽的石质、铁质或是石铁混合的物质，由铁、镍、硅酸盐等矿物质组成，也称'陨星'或'陨星石'。"梅花一边喝咖啡一边一本正经地说。

陨石的平均密度在 3 ~ 3.5 克/立方厘米，主要成分是硅酸盐。陨铁密度为 7.5 ~ 8.0 克/立方厘米，主要由铁、镍组成。陨铁石成分介于两者之间，密度在 5.5 ~ 6.0 克/立方厘米。

"是这样吗，歪博士？"方块凑到歪博士身边，一脸好奇地问。

"是的，梅花说得很对！"歪博士笑着说，"按照陨石的化学成分，可以将其分为石陨星、铁陨星和铁石陨星。此外，还有一种陨石被叫做玻璃陨石，其外表呈黑色或墨绿色，有点像石头，但不是石头；有点像玻璃，但没有结晶的玻璃状物质，形状五花八门，重量从几克到几十克不等。"

陨石出现时，为什么会有巨大的响声？

陨石出现时，往往会传来如同电闪雷鸣般的巨大响声，这是由于较大的流星体高速飞行过程中其后方处于真空状态，前方的气体向后压缩，因而产生巨大的声响。陨石着陆时撞击地面形成陨石坑，有的陨星在高速下降时，在空中发生爆炸，爆烈的陨星碎块散落地面形成陨石雨。这些都是人类认识宇宙、研究地球形成及生命起源不可多得的活标本。

"新闻上说的那颗大陨石，应该是铁陨星……"梅花认真地盯着电视屏幕，一脸自信地说，"目前世界上保存最大的铁陨石是非洲纳米比亚的戈巴铁陨石，大概重 60 吨。第二大陨石是格林兰的约角 1 号铁陨石，大概重 33 吨。第三大陨石是我国新疆铁陨石"银骆驼"，大概重 28 吨。"

"哇，梅花，你真棒，居然知道这么多！"红桃听完，忍不住惊叹起来。

"是啊，梅花可是个非常爱学习的孩子呢！"歪博士笑着补充道。

"除了新疆，我国的吉林省也曾于 1976 年发现了一颗世界上最大的石陨石，陨石雨分布面积将近 500 平方公里，总质量达到了 27000 多公斤。"

"没想到流星雨还能变出大陨石呢……这实在是太有趣了！"方块突然兴奋地扭头对歪博士说，"歪博士，你快给我们看看陨石长什么样吧！"

"好呀！正好我的实验室里有几块陨石样本，都是我从各地采集得来的，今天就带你去见识见识真正的陨石吧。"歪博士有些得意地说，"接下来几天，我准备给你们介绍几个特别的流星雨，是和十二星座有关的哦。"

"哇！太棒了！谢谢歪博士！"方块、红桃和梅花异口同声地说道。

## 陨石小科普

在太阳系的行星，火星和木星的轨道之间有一条小行星带，它就是陨石的故乡。这些小行星在自己的轨道运行，并不断地发生碰撞，有时就会被撞出轨道奔向地球，在进入大气层时，与之摩擦发出光热便是流星。流星进入大气层时，产生的高温，高压与内部不平衡，便发生爆炸，形成陨石雨。未燃尽者落到地球上，就成了陨石。

据科学研究表明，地球每天都要接收 5 万吨陨石，它们大

多数在距地面 10 到 40 公里的高空就已燃尽，即便落在地上也很难找到。由于它们在宇宙中运行没有其他的保护，因此直接受到各种宇宙线的辐射和灾变，而其本身的放射性加热也不能使它有较大的变化。

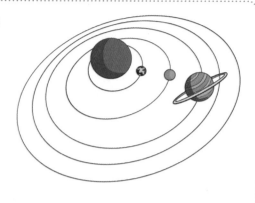

除了按照化学成分来划分外，陨石还可以分为球粒陨石和无球粒陨石。

球粒陨石指的是由于没有遭遇过母天体的熔融或地质分异，因而结构没有改变过的陨石，其内部含有毫米大小的球粒，属于石陨石。作为一种常见的陨石，球粒陨石的化学成分具有明显差异，因而可以划分为三类：分别是碳质球粒陨石、顽火辉石球粒陨石和普通球粒陨石。

无球粒陨石是由岩浆结晶的不含球粒的石陨石，大概占已知陨石的 4%。从外观上看，它与玄武岩、橄榄岩和辉岩等含硅量低的地球火成岩相似。由于地球的岩浆曾形成基性岩和超基性岩，因此，无球粒陨石很有可能是从和岩浆相似的熔融物质中结晶而成的，也有可能是从总体上具有球粒陨石组成的母体的熔融和分馏结晶中产生的。

熔壳和气印是陨石表面的主要特征，若看到的石头或铁块的表面有这样一层熔壳或气印，就可以断定这是一块陨石。

## 历史上著名的陨石

最古老陨石：瑞典的 Muonionalusta 铁陨石，100 万年前就落在地球上，因靠近北极圈，曾经历了 4 次冰期，切片呈漂亮的纵横交错的维氏台登结构。

吉林陨石：陨落在吉林桦甸方圆五百平方公里的土地上的陨石雨。其中"1 号陨石"落到永吉县桦皮厂附近，遁入地下 6 米多，升起一片蘑菇云，它产生的震动相当于 1.7 级地震，附近房屋中的家具都倾倒了，杯碗都摔碎了。

通古斯陨石：在西伯利亚的通古斯地区上空爆炸的陨石，不但把一百公里以外的住宅楼的玻璃震碎，而且把方圆

这就是科学

三十里的森林化为灰烬，在爆炸中心区的树林还没来得及燃烧就已炭化，并且呈辐射状向外倒去。

墨西哥巴库比里托陨石：巨大的巴库比里托陨石是墨西哥最大的陨石，同时也是坠落地球并最终幸存的最大太空物体之一。这颗弯曲的铁陨石重量在22吨左右，长度达到4米，在库利亚坎的一家非盈利性机构展出。这颗陨石巨大的个头加之不同寻常的外形，是吸引游客的一个最大原因。

1. 陨石经过大气层时，高温融化的表面冷却下来，形成的一层薄壳就是熔壳。

2. 一般来说，同一颗陨石有两种熔壳，一种是在太空中小行星之间相互撞击产生的熔壳，另一种是进入地球大气层与空气摩擦产生的熔壳。

3. 在熔壳冷却的过程中，空气流动在陨石表面吹过的痕迹也被保留下来，叫气印。

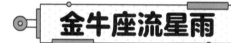

# 金牛座流星雨

七大著名流星雨之一。
广大天文爱好者热衷的对象之一。

歪博士
爱提问

什么是金牛座流星雨？ >>>
什么时候可以看到它？

这一天，家里的食物吃完了，于是，歪博士带着方块、红桃和梅花去超市买东西。

去超市的路上，歪博士一边开车，一边对方块、红桃和梅花说："孩子们，为了奖励你们这段时间认真学习的良好表现，我决定送给你们每人一件玩具，待会儿到了超市，你们就各自挑一个喜欢的玩具吧。"

"歪博士，不用了，我们自己有很多玩具呢。"梅花礼貌地拒绝道。

"对呀，歪博士，本来我们三个住在你家，就给你添了不少麻烦了……"红桃跟着说道。

"没关系，是我想送给你们的，就当是你们的暑假礼物吧。"歪博士笑着说。

"哈哈，那我们就谢谢歪博士啦！"方块开心地说。

"当然，玩具可不能太贵哦，不然歪博士下个月就得喝西北风了！"说完，歪博士不由得哈哈大笑起来。

方块、红桃和梅花听到后，也被歪博士的幽默逗乐了，忍不住跟着笑了起来。

就这样，买完必要的食物后，方块、红桃和梅花各自挑选了喜欢的礼物——方块挑选了一只会唱歌、跳舞的小公牛玩偶，红桃挑选了一个可以无限次画画的画板，梅花挑选了一本可以发声的百科全书，然后大家跟着歪博士去柜台结完账就满载而归了。

回到智慧屋后，歪博士让智慧1号负责将买来的食物放进冰箱保存，接着，他便转身对大家说："孩子们，今天的流星雨大讲堂改到下午，等我们吃完午饭、睡完午觉再进行吧。"

"好的！"方块、红桃和梅花一边摆弄着各自挑选的礼物，一边开心地回应道。

到了下午，还没等歪博士提醒，方块、红桃和梅花就主动拿着笔和纸来到实验室，准备听今天的流星雨大讲堂。

"歪博士，今天你要介绍什么流星雨给我们呀？"方块一边摆弄着上午买到的小公牛玩偶，一边好奇地问。

"方块，你手里拿的是什么呀？"歪博士笑着问道。

"是你送我的礼物呀。怎么样，这只小公牛看上去是不是很萌呀？"方块一脸得意地炫耀道。

"方块，你还真是聪明，你怎么知道我今天要讲的流星雨会和牛有关呢？"歪博士笑着称赞道。

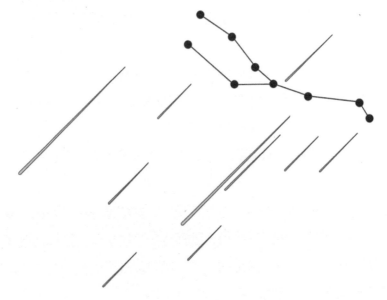

"啊？和牛有关？这是什么流星雨啊？"方块听后，一脸诧异地问。

"歪博士，是不是金牛座流星雨？"梅花赶忙问道。

"没错，就是金牛座流星雨！"歪博士一边解释，一边从投影仪里投射出一幅动态的流星雨画面，那样子看上去还真像是一头牛。"金牛座流星雨因辐射点位于金牛座而得名，在每年的 10 月 25 日至 11 月 25 日左右出现，一般 11 月 8 日是其极大日，由于此时正值万圣节，因此，金牛座流星雨也被称作是万圣节烟火。"

一般来说，金牛座流星雨会在午夜前后数小时内达到最强，还有可能欣赏到火流星。

"还真和牛有关呀！"方块看到后，一脸惊喜地说，"没想到还真被我歪打正着了。"

"所以我说你机灵啊，哈哈！"歪博士笑着打趣道。

"歪博士，金牛座流星雨是怎么形成的呢？"红桃一脸认真地问道。

"其实，金牛座流星雨是与恩克彗星相关联的流星雨，恩克彗星轨道上的碎片形成了该流星雨，极大日时平均每小时可观测到五颗流星曳空而过，虽然其流量不大，但其周期稳定，所以，也是广大天文爱好者热衷的对象之一。"歪博士耐心地说。

什么是"金牛座流星雨骗局"？

2005 年的 11 月 4 日，在金牛座流星雨将要结束的那一个星期，全球各地都看见了为数众多的火流星。有人将之解释为不明飞行物的来访，因而被戏称为"金牛座流星雨骗局"或"太空骗局"。

"歪博士，金牛座流星雨有什么与众不同的特点吗？是不是也像我手里的这只小公牛一样可爱呢？"方块紧跟着问道。

"哈哈，当然啦！"歪博士笑着说，"金牛座流星雨的最大特色是火流星和流星体流速慢。通常，当金牛座流星雨出现时，每小时可以看见 7 颗左右的流星，并且它们会以非常缓慢的速度掠过天际，算得上是速度比较慢的流星了。"

"哈哈，没想到金牛座流星雨还真是像牛一样，走路慢吞吞的呢。"方块捂着嘴笑道。

听到这话，大家都被方块天马行空的想象力给逗乐了。

宇宙知多少

## 金牛座流星雨的活动周期

金牛座流星雨的活动周期大约在 2500 至 3000 年之间，在核心部分接近地球时能产生更壮观的流星雨。事实上，因为被分成两支，在 3000 年周期

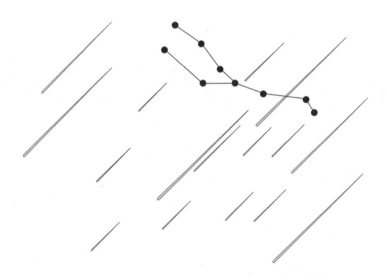

中两支的高峰期相距有数个世纪。有些天文学家注意到一些由巨石构成的像是巨石阵的结构，与这个周期的极大期有所关联。

方块爱生活

骆驼的脚掌大，是为了减小对沙地的压强；而钉子的头很尖，则是为了增大对接触面的压强。

## 撞击月球事件

金牛座流星雨和恩克彗星，都被认为是另一颗出现在 20000 至 30000 年前的大彗星分裂之后的残骸，其散布出的物质有些成为一般的彗星，有些则因为接近地球或其他行星的引力场吸引而成为流星。

美国航空航天局（NASA）的科学家 Rob Suggs 和天文学家 Bill Cooke 在一架新的 25.4 厘米望远

镜和摄影机组合的测试中，以流星撞击月球的事件作为测试的对象，观察到了撞击事件。再比对过星图之后，他们认为撞击的物体来自金牛座流星雨。

这或许算得上是月球事件中第一个得到证实的事件纪录。

自 2005 年以来，美国宇航局的流星体环境办公室已多次观察到陨星撞击月球，包括双子座流星雨、狮子座流星雨以及一颗来自不同太空碎片云的金牛座流星。当它们以约每小时 12.5 万公里的速度飞行时，即使鹅卵石大小的陨星也会在月球表面造成几米宽的陨坑。

　　2005年11月7日，天文学家观察到了一个短暂的光点，它是由一颗流星体撞击"雨海"西北部时产生的闪光造成的。据估计，这颗撞入"雨海"的流星体直径只有12厘米左右，此次撞击形成一个3米宽，0.4米深的陨坑。

　　2006年9月3日，欧洲航天局的"智能1号"，轨道飞行器以小角度撞击月球表面。随着这"惊天一撞"，天文学家得以朝着进一步了解月球的道路前进。

1. 由于行星引力场的影响，除了木星之外，随着时间的进展，金牛座流星雨在观测上被标示为南北两支。

2. 南支是金牛座南流星雨，北支是金牛座北流星雨。

3. 出现在10月至11月的金牛座南流星雨和金牛座北流星雨可以用肉眼来观测。

# 狮子座流星雨

七大著名流星雨之一。

速度快是狮子座流星雨最大的特点。

自从上次了解了金牛座流星雨后，方块每天晚上都会举着自己的那只小公牛，然后对着黑漆漆的夜空许愿，期盼能早一点儿看到真正的金牛座流星雨。

这天早上，方块兴冲冲地跑到客厅，对正在看新闻的歪博士说："歪博士……歪博士，除了金牛座流星雨，你还知道其他用动物名字命名的流星雨吗？"

"当然知道啦。"歪博士笑着说。

"比如呢？"方块听后，一脸激动地追问。

"比如狮子座流星雨呀。"歪博士起身说道，"今天要给你们介绍的就是狮子座流星雨呢。"

"狮子座流星雨……"方块忍不住念叨起来，"狮子座……哇，那是不是这个流星雨长得就像狮子王呢？就像小辛巴一样？"

"哈哈，待会儿上课的时候，你就知道啦。"歪博士故作神秘地说道。

"歪博士，你别卖关子了，赶快给我讲讲吧！"方块一边摇着歪博士的胳膊，一边撒娇地说，"歪博士，你快说吧！"

这时，听到动静的红桃和梅花也来到客厅，看到方块正拉着歪博士不依不饶，于是忍不住问道："发生什么事了？"

"哈哈，没事没事！"歪博士笑道，"孩子们，你们跟我来实验室，今天咱们要去认识认识狮子座流星雨。"

听到这话，方块高兴得跳了起来，"耶，太棒了！"

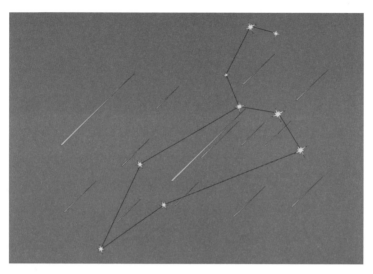

来到实验室后，歪博士用投影仪在墙上投影出狮子座流星雨的动态图。然后耐心地说："狮子座流星雨，是与周期大约 33 年的坦普尔·塔特尔彗星相连的一个流星雨，被称为流星雨之王，由于流星雨的辐射点位于狮子座而得名，在每年的 11 月 14 至 21 日左右出现。"

由于坦普尔·塔特尔彗星的周期为 33.18 年，所以狮子座流星雨是一个典型的周期性流星雨，它的周期约为 33 年。

看着眼前的狮子座流星雨动态图，方块不由自主地惊叹道："哇！这看上去真的就像是一头大狮子。"

"哈哈，别看狮子座流星雨这么大，可它内部的流星颗粒都是很小的，大都 <1 毫米，"歪博士解释道，"不过，虽然颗粒小，但狮子座流星雨的速度是非常之快的，它相对地球的运动速度能达到 71 千米 / 秒，是子弹初速的 100 倍，这是狮子座流星雨的最大特点。"

"那真的是很快了！"红桃感叹道，"和上次了解的金牛座流星雨相比，狮子座流星雨简直就像是火箭一般。"

狮子座流星雨出现时的两种流量分别是什么？

狮子座流星雨出现时的两种流量分别是：第一种，"暴雨"的部分。由新喷出的流星物质组成，存在不到两、三个回归周期。这部分的物质颗粒大到可形成火流星，而大多数都极其细微。它们出现在地球穿越彗星轨道时刻前后。"暴雨"峰值出现时刻每年有一定的差别。第二种，"背景"的流星雨部分。典型特点是有明亮的流星出现。这些颗粒物质已存在了好多个回归周期，由于引力扰动和太阳辐射压力对较小颗粒的影响比大些的颗粒要强，结果就使大的颗粒得以保留，而小的颗粒慢慢失散，因此，在与地球相遇时，往往出现明亮的流星雨。

"歪博士，狮子座流星雨的流星数量多吗？"梅花也跟着问道。

"这个嘛……"歪博士停了停，继续说道，"一般来说，狮子座流

星雨的流星数目大约可以达到每小时 10 至 15 颗，但平均每 33 至 34 年狮子座流星雨会出现一次高峰期，流星数目可超过每小时数千颗。"

"为什么呢？"方块纳闷地问。

"之所以会出现这个现象，是和狮子座流星雨的母体彗星坦普尔·塔特尔彗星的周期相关。"歪博士指着投影仪上的狮子座流星雨动态图继续说，"当彗星飞临近日点时，由于太阳光的照射，使得彗星母体上冰物质升华，进射出无数彗星尘粒或碎片，接着在地球与彗星轨道相交时，尘粒与地球大气层发生摩擦、燃烧，从而形成流星雨。"

"原来如此！"方块高兴地拍手说，"歪博士，你真是太博学了！"

## 狮子座流星雨的重要探索

902 年，我国古代天文学家第一次记录到狮子座流星暴。

1799 年，德国著名科学家洪堡在委内瑞拉记录到这一天象。

1833 年，北美洲出现了罕见的流星暴，估计在 9 小时内有 24 万颗流星划破天空。

1866 年，发现坦普尔·特塔尔彗星，并确定了该彗星的轨道，在欧洲观测到流星暴。

1966 年，在美国的中西部出现了壮观的"流星暴"，估计高峰时达每小时有 10 万颗流星自天而降。

1998 年，狮子座流星雨再次光临地球，让大多数现代人

真切地认识到这位"流星雨之王"。

2001 年 11 月 18 日深夜，全球共有 3000 多万人等待流星雨。

2009 年 11 月 17 日 17 时左右，地球将遭遇第一批流星体，届时北美地区将出现一场温和的流星雨。同年 11 月 18 日凌晨 5 时至 6 时，亚洲地区有望迎来一次"暴雨"级爆发。这是因为地球将于此时穿越坦普尔·塔特尔彗星在 1466 年和 1533 年两次回归时所抛射出的尘埃团。

2013 年 11 月 17 日，该流星雨的辐射点位于狮子座头部，在 11 月中旬要到子夜时分才会升起。在每年的天文观测中，狮子座流星群非常像一颗不稳定的岩石彗星，多年以来一直出现流星，通常情况下平均每小时出现 15 颗以上流星。而在一些特殊的年份中，狮子座流星群可以突然喷射出壮观的流星风暴，平均每小时出现数千颗流星。

方块爱生活　　狮子座流星雨中的流星过后，在天空中短时间内还会留下一团云雾状痕迹，这就是流星余迹。

红桃
讲故事

## 流星雨的危害

流星雨的危害有哪些呢?

1. 大批流星体闯入地球大气造成的电离效应,可能使远距离电信发生异常。

2. 对云层和雨量的影响。大批流星体尘埃散入地球大气,提供了额外的水汽凝结中心,会使云层和雨量增大。

3. 陨星击中人类或牲畜。关于人体被陨星直接击中的情况未见报道,据说1836年在巴西曾砸死几只羊,1911年在埃及砸死一条狗。1969年在澳大利亚还曾发生过陨星砸穿屋顶等事件。

4. 严重的撞击灾变事件。这类事件的祸首已不能算是流星体,而是大小不等的小行星。在中生代末期,恐龙突然从地球上销声匿迹,就可能与小行星撞击地球有关。

5. 可能对航天器造成威胁。流星群颗粒大都很小（<1毫米），但速度极高。

以 1998 年狮子座流星雨为例，相对地球的运动速度为 71 千米/秒，达到子弹初速的 100 倍。如果较大颗粒或结构较坚实的颗粒高速撞击人造卫星或其他航天器，就可能造成严重后果，如舱面击穿、探测器损坏、太阳能板受损、电子器件因等离子体放电而失效，甚至整个航天器被击坏、击毁。要知道，历史上已经发生过类似事件了，比如 1993 年英仙座流星暴使欧洲航天局的奥林普斯卫星因遭到一颗流星体的撞击而一度失控。

1. 狮子座流星雨是由"坦普尔·塔特尔"彗星抛撒的颗粒划过大气层所形成的。

2. 1833 年 11 月 13 日，天文爱好者艾格丝·克拉克看见了狮子座流星雨，便预言这种流星雨每隔 33 年一次，这就是著名的"克拉克预言"。

3. 狮子座流星雨的特点是速度快，在极盛年代数量很大，被称为"流星雨之王"。

# 双子座流星雨

七大著名流星雨之一。
与象限仪座流星雨、英仙座流星雨并称北半球三大流星雨。

　　炎热的午后，方块、红桃和梅花三个人坐在客厅里，一边吹着凉爽的空调，一边玩扑克牌。

　　"考你们一个问题，"方块突然举起手里的牌问道，"你知道除了扑克牌，还有什么牌吗？"

　　"纸牌？"红桃不假思索地说出口。

　　"红桃，你是故意逗我呢吧？扑克牌就是纸牌，你这不是废话吗！"方块翻了个白眼儿说。

　　红桃听了，不好意思地摸了摸脑袋，一脸尴尬地说："哈哈，刚刚是我一时嘴快口误了……"

　　"那你赶快好好想想！"说完，方块扭头看向梅花，"梅花，你的答案呢？"

　　"这有什么难的，塔罗牌呀。"梅花一副满不在乎的表情，继续冷酷地说，"说到塔罗牌，它和我们知道的十二星座还有一定联系呢！"

　　听到这里，方块和红桃一下子来了兴趣，赶忙异口同声地重复道："十二星座？！"

　　"对呀！"梅花解释道，"就是白羊座、金牛座、双子座、巨蟹座、狮子座、处女座、天秤座、天蝎座、射手座、摩羯座、水瓶座、双鱼座这十二个星座呀。"

　　"金牛座和狮子座不都是流星雨的名字吗？"红桃接着问道。

　　"没错！除了这两个星座，还有一个星座有流星雨呢。"梅花故弄

玄虚地说。

"哪个星座？"方块和红桃一脸期待地问道。

"是双子座流星雨。"这时，身后突然传来歪博士的声音，"这也是我今天准备介绍给你们的流星雨。"

于是，大家赶忙起身跟着歪博士朝实验室走去。

刚一走进实验室，就看到歪博士在墙壁上投影出的双子座流星雨的动态图。"孩子们，所谓双子座流星雨，其实指的就是以双子座附近为辐射点出现的流星雨，它与象限仪座流星雨、英仙座流星雨并称北半球三大流星雨，在每年的 12 月 13 至 14 日左右出现，最高时流量可以达到每小时 120 颗，且流量极大的持续时间比较长。"

在理想的天空条件下，双子座流星雨每小时的理论天顶流量在 120 颗左右。

"哈哈，看来用星座命名的流星雨还真是不少呢。"方块笑道。

"不过呢，"歪博士突然有些严肃地说，"需要注意的是，以双子座附近为辐射点的流星雨有两个，一般最常被提及的是双子座阿尔法流星雨，也就是我们常说的双子座流星雨，它是少数的母体非彗星的流星雨，另一个是出现在1月的象限仪座流星雨。"

双子座流星雨的特点有哪些？

双子座流星雨有三大特点：一是颜色偏白；二是流星体速度较慢；三是亮流星很多，常有火流星出现。双子座流星雨区别于狮子座流星雨的一个显著特点是流星的星体亮度大、速度中等、色彩丰富。对于目视观测者来说，双子座流星雨具有很强的吸引力，而且其流星的数量比狮子座流星雨还要大。

"歪博士，我之前在一本天文书上看到过双子座流星雨的介绍，"梅花接过话茬说，"据说双子座流星大多是明亮的、速度中等的流星，

除白色流星外，还有红、黄、蓝、绿等多种颜色。"

"梅花，你说得很对！"歪博士笑着点头，然后继续补充道，"双子座流星雨是法厄同小行星造成的流星雨，这一小行星由 IRAS 卫星在 1983 年发现的，科学家判断其可能是燃尽的彗星遗骸。每年法厄同小行星都会经过地球附近，受到地球引力影响，行星掉落的碎片会落入地球大气层，然后被气动加热、燃烧起来，形成一颗颗流星。由于法厄同小行星带来的流星雨以双子座作为辐射点扩散出去，因此这一流星雨被取名为双子座流星雨。"

"而且，"梅花继续接过歪博士的话说道，"双子座流星雨是一个很守信用的流星雨，每年都会定期出现。"

"是呀！一般来说，双子座流星雨的最佳观看时间是傍晚至午夜这段时间。"歪博士笑着说道。

看到梅花懂得这么多和双子座流星雨有关的知识，方块和红桃心里别提有多羡慕了，两个人一边认真地做笔记，一边在心里想自己什么时候才可以像歪博士和梅花那样博学呢？

当然，博学这件事并不是一下子就能做到的，而是需要日积月累地学习，相信只要方块和红桃继续努力，以后一定能像歪博士和梅花那样优秀！

## 双子座流星雨的发现

双子流星群是在 19 世纪中叶才被发现的，而且一开始流量较低，每小时有 10-20 颗。从那以后，它的流量每年都在增加，已成

为每年主要的流星群了。1998 年人们观测的双子流星群达到每小时 ZHR（天顶每时出射率）=140 颗。在极大时，观测条件不错的观测者可以看到比较多的流星。

自从 1862 年人们注意到双子座流星群后，就一直在寻找它的母彗星。直到 1983 年，卫星才发现了与它有相同轨道的不是一颗彗星，而是一个石质的小行星，编号 3200 Phaeton。这个小行星的周期为 1.4 年，轨道很扁，仅 0.15 天文单位。

1997 年 12 月。当这颗小行星经过地球附近时，距离只有 0.31 天文单位。通过分析双子火流星的照片，科学家们估计出双子流星物质的密度为 1-2gm/cc，比标准的小行星的 3gm/cc 的密度要低，但却比彗星 0.3 gm/cc 的密度大几倍。

双子座流星雨是一个很守信用的流星雨，每年都会定期出现。

红桃
讲故事

## 双子座流星雨的传说

相传在远古的希腊，丽达王妃有一对英勇帅气的儿子，他们虽然不是双胞胎，却长得一模一样，而且兄弟俩感情非常好，让人很羡慕。

有一天，王国遭受了一头可怕的野猪的攻击，于是王子们组织了王国里的勇士奋起抗击，杀死了野猪。当他们战胜归来，举国欢庆的时候，却因为争功起了内讧，分成了两派，居然打了起来。

两位王子立刻赶去阻止，在混乱之中，有人举起长矛向王子哥哥刺去，情急之下，弟弟只身挡住哥哥，结果就被长矛刺死了。哥哥悲恸欲绝，无奈之下，丽达王妃告诉哥哥一个惊天的秘密：原来哥哥是王妃与天神宙斯的儿子；而弟弟才是王妃与国王的儿子，兄弟俩一个是神、一个是人，神本来就拥有不死之身，而弟弟却只是凡人。

这就是科学

悲恸欲绝的哥哥为此回到天庭，请求自己的父亲宙斯让弟弟起死回生。宙斯说唯一的办法就是把你的生命分一半给他，可如此的话，你将成为一个凡人，再也不会拥有永恒的生命。

哥哥义无反顾的答应了，如果失去了心爱的弟弟，他要永恒的生命有什么用呢？宙斯被兄弟俩的情意感动了，以他们的名义创造了"双子座"安置在天空中，让他们从此再也不分离。

双子座的标志就是一对孪生兄弟的形象，传说看到双子座流星雨的人，可以得到他想要的幸福，并且这种幸福会一直延续下去，直到永远。

1. 双子座流星雨每年出现的时间较为稳定。
2. 较好的观测地点为远离城市灯光污染，且海拔较高的地方。
3. 双子座流星雨与象限仪座流星雨、英仙座流星雨并称"北半球三大流星雨"，一般在每年12月4日至17日光临地球，极大时每小时天顶流量可达到120颗左右。

# 猎户座流星雨

七大著名流星雨之一。
猎户座流星雨属于快速流星。

一转眼，愉快的暑假生活接近尾声了。

为了让方块、红桃和梅花在智慧屋度过美好的最后一天，一大早，歪博士就给他们准备了营养又丰盛的美食，有蔬菜沙拉、水果拼盘、蛋挞糕点、美味拌饭、各种糖果……

或许是歪博士准备的食物太香了，方块、红桃和梅花几乎同时寻着香味来到厨房，看到身穿大围裙的歪博士站在灶台前，三个人一下子乐了。

"歪博士，这是我头一次看你穿除了白色实验服以外的衣服，没想到居然还是个大围裙，哈哈哈……"方块捧着肚子大笑起来。

"是啊，歪博士，你这是什么打扮呀？"红桃也跟着笑道。

"有那么可笑吗？"歪博士低头打量着自己问道。

"是有那么一点儿可笑！"一向冷酷的梅花竟也忍不住笑着说道。

看到孩子们因为自己的着装而开心，歪博士觉得自己的目的已经达到了，于是赶忙催促道："好了，你们想笑就笑吧！赶快过来吃饭，然后……我要给你们上最后一堂流星雨大讲堂。"

听到这话，方块、红桃和梅花的心里突然感到一阵不是滋味，一方面他们很期待歪博士讲的流星雨大讲堂，另一方面，这最后一堂课听完，也就预示着他们要暂时和歪博士、智慧屋、智慧1号分开了。

在五味杂陈的心情下，方块、红桃和梅花开始品尝歪博士准备的美食。

"歪博士，你的厨艺太棒了！"方块边吃边称赞道。

"是啊！歪博士，我觉得你可以开餐馆了。"红桃也跟着赞美。

"既然好吃，那你们就多吃点儿。"歪博士笑着说，"等回家了，要是想吃我做的食物，随时来智慧屋，保证让你们吃个够。"

"谢谢歪博士！"方块、红桃和梅花异口同声地答道。

享用完美味的食物后，歪博士流星雨大讲堂的最后一堂课开始了。这一次，歪博士要给孩子们介绍的流星雨，是猎户座流星雨，之所以将它放在双子座流星雨之后讲，是因为不久后，就能在夜空里看到猎户座流星雨。

知识拓展

猎户座流星雨的流量比较稳定，每小时天顶流星数最大值通常在 25 颗左右，而 2011 年前后更是一度超越了 50 颗。

"孩子们，猎户座流星雨有两种，辐射点在参宿四附近的流星雨一般在每年的 10 月 20 日前后出现；辐射点在 ν 附近的流星雨则发生于 10 月 15 日到 10 月 30 日，极大日在 10 月 21 日。"歪博士耐心地说。

听完歪博士的介绍，方块的脑袋突然一转，一脸惊喜地说："歪博士，按时间算，那开学后不久，我们就可以看到猎户座流星雨啦！"

"没错！"歪博士笑道，"事实上，我们常说的猎户座流星雨是辐射点在 ν 附近的流星雨，其成因和著名的哈雷彗星有关。"

"哈雷彗星？"红桃有些疑惑地重复道，"这个彗星的名字好耳熟呀！"

猎户座流星雨的出现时间有什么规律？

猎户座流星雨发生在 10 月至 11 月初。因为哈雷彗星的公转方向和地球的公转方向相反，所以下半夜看到的流星往往要比上半夜多。另外哈雷彗星轨道上的尘埃分布不是均匀的，所以不同年份流星的多少也不一样。一般情况下，猎户座流星雨最好在 10 月 16 日至 27 日连续观测，其中 21 日、22 日的下半夜最多，每小时可见光迹 35 条左右，为极大期。

"因为哈雷彗星是人类首颗有记录的周期彗星，所以常常会被人们提及，"歪博士笑着解释道，"哈雷彗星是猎户座流星雨的母体彗星，主要由冰、尘埃物质组成的，核的直径略大于 10 千米，重 10 万亿吨。哈雷彗星每 76 年就会回到太阳系的核心区，每次接近太阳前后，哈雷彗星都要损失近 20 亿吨的物质，其中冰升华成水汽，尘埃颗粒飞散到四面八方。"

"哇，那岂不是很壮观呀！"方块听后不由得感叹道。

"是呀，一年之中，地球会两次穿过哈雷彗星的轨道，其中的一次是在 10 月，大约从 16 日至 27 日，这期间会有很多尘埃颗粒进入地球大气层。当地球经过这个尾迹时，受地球引力影响，碎片会以每秒约 66 公里的速度，落入大气层，于是就形成了我们看到的猎户座流星雨。不过，由于哈雷彗星轨道与地球轨道有两个相交点，因此，由它形成的流星雨有两种，一个就是我们今天讲的猎户座流星雨，另一个是宝瓶座流星雨。"

"宝瓶座流星雨？"方块跟着说道，"这个名字听着很有意思嘛！"

"哈哈，这个以后有机会再给你们讲。"歪博士耐心地解释道。

"歪博士，那猎户座流星雨的速度如何呢？是快还是慢呢？"一直静静聆听的梅花突然开口问道。

"这个嘛……猎户座流星雨属于快速流星，其流星体速度可达 66 千米/秒，"歪博士补充道，"当猎户座流星雨处于极大状态时，每小时大约会有 25 颗流星划过夜空，并且大部分是亮流星。"

"那真的是很快了！"红桃感叹道。

"这么快，那我一定要提前准备好相机，千万不能错过流星雨。"方块听后，握着拳头一脸认真地说。

"哈哈，只要你们到时候用心观察，一定会看到猎户座流星雨的。"歪博士笑着说。

"那最好啦！"方块开心地说。

结束了这最后一堂流星雨大讲堂，就到了离别的时刻。虽然舍不得和歪博士分开，但毕竟马上要开学了。于是，方块、红桃和梅花三个人只好依次和歪博士拥抱道别。

"孩子们，别难过！"歪博士笑着安慰道，"如果你们想我了，就随时来智慧屋，我和智慧 1 号时刻欢迎你们的到来。"

"没问题，我们一定会回来的，歪博士！"方块、红桃和梅花听后，开心地大喊道。

## 猎户座及其星云

猎户座是赤道带星座之一，位于双子座、麒麟座、大犬座、金牛座、天兔座、波江座与小犬座之间，主体由参宿四和参宿七等 4 颗亮星组成一个大四边形，面积为 594 平方度，居第 26 位。猎户座中最亮的是 β 星，它的视星等为 0.12 等，在全天的亮星中排在第七位，绝对星等为 −7.1 等，表面温度 12000 度。我国有句民谚"三星正南，就要过年"，是说每年一月底至二月初的时候，猎户座内的 δ、ε、ζ 三颗星会连成一条直线高挂在空中。

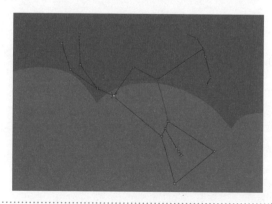

猎户座星云有3颗排列整齐的亮星，另外还有斜着排列的3颗小星，不用望远镜观测，就能看出3颗小星中间那颗隐隐约约地泛着红光，它并不是一颗恒星，而是猎户座大星云，这是猎户座中的一个发光气体云，在猎户座"猎人"佩剑的中部，肉眼能直接看到。

**方块**
**爱生活**

猎户座流星雨通常在北半球寒冷的冬天出现，它的内部亮星众多、结构明显，拥有极高的辨识度。

**红桃**
**讲故事**

### 猎户座流星雨的传说

在古希腊神话中有一个这样的故事。海神波塞冬的儿子奥利翁可以非常自由地在水中行走，就好像是在平地上走路一样，并且他有着很大的力气。

有一次，奥利翁在打猎的过程中，与太阳神阿波罗的妹妹月神埃尔忒米斯一见钟情。但阿波罗却无法容忍自己的妹妹沉沦于爱情之中，于是非常反对。

后来有一天，阿波罗看见奥利翁在远处的海边狩猎，阿波罗让阳光照得更亮，以致埃尔忒米斯看不清楚奥利翁，然后，阿波罗欺骗妹妹说那是一只猛兽，故意误导埃尔忒米斯用箭射死了奥利翁。后来，阿波罗的妹妹知道了真相，难过极了，请求宙斯帮助。最终，宙斯因为同情这对情人，便允许奥利翁上天做了猎户座。所以猎户座流星雨是一个象征着爱情的流星雨。

1. 猎户座流星雨的特征：流星速度快，亮流星多，而且呈白色，峰值流量持续时间长。

2. 虽然猎户座不属于黄道十二星座，但它却算得上是"星座之王"。

3. 猎户座的大星云 M42、马头暗星云、巴纳德环等都使世界各地的天文爱好者为之着迷。